Mathematische Zeichen und Abkürzungen

$\mathbb{N}$ Menge der natürlichen Zahlen

$\mathbb{N}_0$ Menge der natürlichen Zahlen einschl. 0

$\mathbb{N}_k$ Menge der ersten k natürlichen Zahlen

$\mathbb{N}_{0,k}$ Menge der ersten k natürlichen Zahlen einschl. 0

$\in$ ist Element von

$\notin$ ist nicht Element von

$\wedge$ und

$\vee$ oder

$*$ steht für Präfixtaste $\boxed{\text{2nd}}$, z.B. $\boxed{\text{*EXC}}$ statt $\boxed{\text{2nd}}$ $\boxed{\substack{\text{EXC}\\\text{RCL}}}$

AR   Anzeigeregister, im Text auch: Sichtfenster des Rechners

(AR)   Inhalt des AR; die im Sichtfenster angezeigte Zahl

R_n Datenspeicher (Datenregister) mit der Adresse $n \in \mathbb{N}_{0,9}$

(R_n) Inhalt des Datenspeichers R_n

T   Austauschspeicher, Vergleichsspeicher

(T)   Inhalt des T-Speichers

$(R_n) \rightarrow$ AR   Inhalt des R_n wird ins AR gebracht

(AR) $\rightarrow R_n$ Inhalt des AR wird in R_n gebracht

(AR) $\leftrightarrow (R_n)$ Austausch der Inhalte des AR und R_n

:=   Ergibt-Zeichen; gelesen: ‚wird ersetzt durch' oder ‚ergibt sich aus'

BAR   Befehlsadreßregister

BARS   Befehlsadreßregisterstelle

PSS   Programmspeicherstelle

Hans Heinrich Gloistehn

Programmieren von Taschenrechnern

1

Lehr- und Übungsbuch für den SR-56

Vieweg

Vorwort

In den letzten Jahren haben die wissenschaftlichen Taschenrechner die bisherigen Rechenhilfsmittel (Rechenschieber, elektromechanische Tischrechner usw.) weitgehend abgelöst. Seit einiger Zeit befinden sich *programmierbare* Taschenrechner auf dem Markt, die wegen der vielfältigen Einsatzmöglichkeiten und des günstigen Preises ebenfalls rasch einen immer größer werdenden Abnehmerkreis finden werden. Diese Geräte können noch mehr als die bisherigen den Benutzer von lästiger und langwieriger Rechenarbeit befreien.

Dieses Buch wendet sich hauptsächlich an den im Programmieren unerfahrenen Leser, der seine ersten Kenntnisse auf diesem Gebiet mit einem programmierbaren Taschenrechner erwerben möchte. Wir denken dabei an die Studenten der ersten Semester naturwissenschaftlicher oder technischer Fachrichtung an Fachhochschulen oder Universitäten. Weiter an die Lehrer und Schüler der Sekundarstufe II. Der programmierbare Taschenrechner entlastet ja nicht nur vom aufwendigen Rechnen, sondern er erzieht zum logischen Denken und genauen mathematischen Formulieren. Schließlich denken wir auch an diejenigen, die ohne Nutzanwendung sich einfach nur aus Spaß und Freude mit dem Programmieren eines Taschenrechners beschäftigen möchten.

Der I. Teil des Buches ist nach Gesichtspunkten der Programmiertechnik geordnet. Es wird an Beispielen erklärt, wie der Taschenrechner zu programmieren ist. Die mathematischen Voraussetzungen sind dabei nicht sehr groß, Schulkenntnisse der 11./12. Klasse dürften ausreichend sein. Die Übungen am Ende jedes Abschnitts sollen dem Leser Gelegenheit geben, sein Wissen durch selbständiges Lösen von Aufgaben zu überprüfen. Die Lösungen sind im Anhang zusammengestellt. Im II. Teil des Buches findet der Leser Beispiele aus der Mathematik und Technik, die sich vorteilhaft mit einem programmierbaren Taschenrechner lösen lassen oder die programmiertechnisch interessant sind. Eine Vollständigkeit in der Erfassung der behandelten Gebiete wurde hier nicht angestrebt.

Gerne hätten Verlag und Autor ein Programmierbuch herausgebracht, das unabhängig vom Rechnertyp benutzt werden kann. Die Erklärungen zur Programmierung der vielen, in der Bedienung oft sehr unterschiedlichen Geräte hätten aber den Rahmen dieses Buches gesprengt. So haben Verlag und Autor sich für *einen* programmierbaren Taschenrechner — den SR-56 von Texas Instruments — entschieden.

Den Mitarbeitern im Vieweg-Verlag sei herzlich gedankt für die gute Zusammenarbeit beim Entstehen dieses Buches.

H. H. Gloistehn

Hamburg, im Sommer 1977

Inhaltsverzeichnis

I. Teil:
Anleitung zum Programmieren mit dem SR-56

1. Manuelles Rechnen

Wenn Sie das Programmieren mit einem Taschenrechner (im folgenden meistens kurz
Rechner genannt) lernen wollen, so ist zunächst einmal eine sichere Beherrschung des
manuellen Rechnens erforderlich. Viele von Ihnen benutzen vielleicht schon seit einiger
Zeit einen technisch-wissenschaftlichen Rechner, anderen ist bisher nur die Handhabung
eines einfachen Rechners mit Standardoperationen (+, −, ×, ÷) geläufig. Schließlich
werden einige von Ihnen bisher überhaupt keine Erfahrung mit Rechnern besitzen. Wir
stellen daher in diesem 1. Kapitel die Grundbegriffe des manuellen Rechnens zusammen.
Überprüfen Sie Ihr vorhandenes Können auf diesem Gebiet anhand der Beispiele oder
Übungsaufgaben. Je nach Erfolg dieser Tests können Sie sofort zum 2. Kapitel übergehen
oder Ihr Wissen über das manuelle Rechnen auffrischen bzw. neu erwerben.

1.1. Die 4 Grundrechenarten

Wie die 4 Grundrechenarten Addition (+), Subtraktion (−), Multiplikation (×) und
Division (÷) mit einem Taschenrechner durchgeführt werden, zeigen die folgenden
Beispiele. Bei der Zahleneingabe ist statt des Kommas in einer Dezimalzahl der Punkt
zu benutzen, und bei einer Zahl zwischen 0 und 1 darf die 0 vor dem Punkt weggelassen
werden. Für 0,674 z.B. können wir 0.674 oder .674 eingeben.

Summe: 2,31 + 4,26

Eingabe / Taste	Anzeige
2.31	2.31
+	2.31
4.26	4.26
=	6.57

Differenz: 38,4 − 21,5

Eingabe / Taste	Anzeige
38.4	38.4
−	38.4
21.5	21.5
=	16.9

Produkt: 0,843 · 12,5

Eingabe / Taste	Anzeige
.843	0.843
×	0.843
12.5	12.5
=	10.5375

Quotient: $\frac{346,2}{51,8}$

Eingabe / Taste	Anzeige
346.2	346.2
÷	346.2
51.8	51.8
=	6.683397683

Bemerkungen: Eingetastete Zahlen werden in das *Anzeigeregister* (abgekürzt: AR oder X)
gebracht und gleichzeitig im Sichtfenster des Rechners angezeigt. Für den Inhalt oder die
Zahl des AR schreiben wir: (AR) = (X) = x. Betätigen wir nach der Zahleingabe eine
Operationstaste $\boxed{+}$, $\boxed{-}$, $\boxed{\times}$ oder $\boxed{\div}$, so wird die Zahl x in ein *Rechen-* oder *Ver-*

arbeitungsregister Y gebracht, d.h. es wird $y = (Y) = x = (AR)$. Bringen wir durch Eintasten eine weitere Zahl in das AR, so wird nach Betätigen der Ergebnistaste *oder* einer
weiteren Operationstaste die jeweilige arithmetische Rechenoperation ausgeführt.

Beispiel: $7 - 6 + 5 - 4$		
Eingabe/Taste	Anzeige X	Y
7	7	0
$-$	7.	7
6	6	7
$+$	1.	7
5	5	1
$-$	6.	1
4	4	6
$=$	2.	6

Für die Differenz $38,4 - 21,5$ können wir auch schreiben: $38,4 + (-21,5)$. In diesem
Fall wird zu 38,4 die negative Zahl $-21,5$ addiert.

> Eine negative Zahl wird eingegeben, indem nach der Eingabe des Betrages der Zahl
> die Taste $\boxed{+/-}$ betätigt wird.

Die Tastenfolge für die Berechnung von $38,4 + (-21,5)$ sieht dann so aus:
38.4 $\boxed{+}$ 21.5 $\boxed{+/-}$ $\boxed{=}$ mit dem Ergebnis 16.9. Dagegen würde 38.4 $\boxed{+}$ $\boxed{+/-}$ 21.5 $\boxed{=}$
den falschen Wert 59.9 ergeben.

Für das Löschen von Zahlen gilt:

> Die Taste $\boxed{CLR}$ (Clear) löscht die Inhalte aller Rechenregister,
> $\boxed{CE}$ (Clear entry) löscht nur die unmittelbar eingetastete Zahl im AR.

Zahlendarstellungen

Berechnen wir mit dem Rechner das Produkt $8,16 \cdot 2,435 = 19,8696$, so hat sich der
Punkt bei dem Ergebnis seinen Platz in der Anzeige selbst gesucht. Wir nennen dieses die
Fließpunktdarstellung. Bei vielen Aufgaben wollen wir die Ergebnisse gar nicht auf so
viele Nachkommastellen genau haben, wie der Rechner uns sie ausweist. So ist es z.B.
ausreichend, in der Finanzmathematik die Ergebnisse auf 2 Nachkommastellen (auf
Pfennige genau, wenn in DM gerechnet wird) und in vielen technischen Rechnungen die
Längenangaben auf 3 Nachkommastellen (auf mm genau, wenn die Eingaben in m er-
folgen) zu kennen. Werden Zahlen innerhalb einer Rechnung stets auf eine Anzahl von
Nachkommastellen ausgegeben, so sprechen wir von einer *Festpunktdarstellung*.

> Mit $\boxed{*\text{fix}}$ n werden die Rechenergebnisse mit fester Punktdarstellung auf n Nach-
> kommastellen angegeben.

Wir werden im folgenden stets * für die Präfixtaste $\boxed{2nd}$ schreiben, also z.B. $\boxed{*\text{fix}}$
statt ausführlich $\boxed{2nd}$ $\boxed{\overset{\text{fix}}{EE}}$.

2

Die nebenstehende Tabelle zeigt eine Rechnung
mit 2 Nachkommastellen. Intern führt der Rechner
alle Operationen mit der größeren Stellenzahl
(der SR-56 bis zu 12 Stellen) aus. Wir können die
Festpunktdarstellung durch INV (invers) *fix
aufheben. Dann werden alle Ziffern hinter dem
Komma, die berechnet wurden, wieder sichtbar.

Eingabe/Taste	Anzeige
*fix	0.
2	0.00
3.4725	3.4725
x	3.4725
12.106	12.106
=	42.04
INV	42.04
*fix	42.038085

Der Rechner besitzt in der Fließpunktdarstellung eine 10-ziffrige Anzeige, d.h. wir können
in der bisherigen Form unmittelbar nur Zahlen von .0000000001 $= 10^{-10}$ bis
9999999999 $= 9.999999999 \cdot 10^9$ eingeben. Kleinere oder größere Zahlen werden in der
Exponentialform $m \cdot 10^b$ mit Hilfe der Taste EE (Enter Exponent) eingegeben.

Eingabe von $23{,}4 \cdot 10^{-16}$	
Eingabe/Taste	Anzeige
23.4	23.4
EE	23.4 00
16	23.4 16
+/−	23.4−16

Eingabe von $0{,}752 \cdot 10^{34}$	
Eingabe/Taste	Anzeige
.752	0.752
EE	0.752 00
34	0.752 34

Der Rechner schaltet selbständig auf die Exponentialform um, wenn sich bei Rechenoperationen Zahlen ergeben, die kleiner als 10^{-10} oder größer als $9{,}999999999 \cdot 10^9 \approx 10^{10}$
sind.

Der Rechner gibt übrigens beim Rechnen in der Exponentialdarstellung (man nennt sie
auch: scientific notation) die Ergebnisse stets in der normierten Form mit $1 \leq m < 10$ an.
Wir nennen dies die *Gleitpunktdarstellung* einer Zahl mit der Mantisse m und dem
Exponenten b.

Beispiel: $83{,}48 \cdot 10^5 + 6{,}01 \cdot 10^6 =$ $\boxed{1.4358 \ 07}$ $= 1{,}4358 \cdot 10^7$

1.2. Termberechnungen

Die Taschenrechner SR-56 und SR-52 rechnen nach dem Algebraischen Operations-
System (AOS), einem Logiksystem mit Hierarchien[1]:

> Zahlen und Operationen werden eingegeben wie (von links nach rechts) geschrieben.
> Multiplikation und Division haben Vorrang vor Addition und Subtraktion (kurz: Punkt-
> rechnung geht vor Strichrechnung), wenn nicht durch Klammern eine andere Rangfolge
> festgelegt wird.

---

[1] Über Logiksysteme informiert ausführlich: H. SCHUMNY: Taschenrechner Handbuch, Vieweg 1976.

Die folgenden Beispiele sollen dem im manuellen Rechnen weniger geübten Leser zur Erläuterung dienen. Bei vielen Aufgaben führen unterschiedliche Tastenfolgen zum Ziel. Versuchen Sie selbst, weitere Varianten herauszufinden. Die Benutzung der Tasten $\boxed{x^2}$, $\boxed{*1/x}$ oder $\boxed{*\sqrt{x}}$ dürfte keine Schwierigkeiten bereiten. Nach dem Betätigen einer dieser Tasten wird mit dem im AR stehenden Zahlenwert x die auf der Taste stehende Rechenoperation ausgeführt und der neue Zahlenwert x^2, $1/x$ oder $\sqrt{x}$ im AR angezeigt.

Übungen:

Aufgabe	Tastenfolge	Ergebnis
$3,4 + 2 \cdot 1,82$	3.4 $\boxed{+}$ 2 $\boxed{\times}$ 1.82 $\boxed{=}$	*7.04*
$(3,4 + 2) \cdot 1,82$	$\boxed{(}$ 3.4 $\boxed{+}$ 2 $\boxed{)}$ $\boxed{\times}$ 1.82 $\boxed{=}$ oder: 3.4 $\boxed{+}$ 2 $\boxed{=}$ $\boxed{\times}$ 1.82 $\boxed{=}$	*9.828*
$\dfrac{6,5 + 3 \cdot 1,4^2}{2,6}$	6.5 $\boxed{+}$ 3 $\boxed{\times}$ 1.4 $\boxed{x^2}$ $\boxed{=}$ $\boxed{\div}$ 2.6 $\boxed{=}$	*4.761538462*
$\dfrac{24,8}{4 \cdot 5,2^2 - \frac{1}{0,074}}$	24.8 $\boxed{\div}$ $\boxed{(}$ 4 $\boxed{\times}$ 5.2 $\boxed{x^2}$ $\boxed{-}$ .074 $\boxed{*1/x}$ $\boxed{)}$ $\boxed{=}$	*.2620276877*
$\dfrac{468 - 305}{2 \cdot (104 + 217)}$	468 $\boxed{-}$ 305 $\boxed{=}$ $\boxed{\div}$ 2 $\boxed{\div}$ $\boxed{(}$ 104 $\boxed{+}$ 217 $\boxed{)}$ $\boxed{=}$	*0.253894081*
$\dfrac{0,65 + \dfrac{0,86}{\sqrt{1,47 - 0,92}}}{0,0584}$	.65 $\boxed{+}$ .86 $\boxed{\div}$ $\boxed{(}$ 1.47 $\boxed{-}$ .92 $\boxed{)}$ $\boxed{*\sqrt{x}}$ $\boxed{=}$ $\boxed{\div}$ .0584 $\boxed{=}$	*30.98670828*
$\dfrac{43,7 - \dfrac{123,8}{8,04 + 2 \cdot 6,13}}{\left(18,3 + \frac{40,7}{3,6}\right)^2}$	43.7 $\boxed{-}$ 123.8 $\boxed{\div}$ $\boxed{(}$ 8.04 $\boxed{+}$ 2 $\boxed{\times}$ 6.13 $\boxed{)}$ $\boxed{=}$ $\boxed{\div}$ $\boxed{(}$ 18.3 $\boxed{+}$ 40.7 $\boxed{\div}$ 3.6 $\boxed{)}$ $\boxed{x^2}$ $\boxed{=}$	*.0429001177*
$\dfrac{2}{1 + \dfrac{3}{4 - \dfrac{6}{5 + \frac{7}{8}}}}$	2 $\boxed{\div}$ $\boxed{(}$ 1 $\boxed{+}$ 3 $\boxed{\div}$ $\boxed{(}$ 4 $\boxed{-}$ 6 $\boxed{\div}$ $\boxed{(}$ 5 $\boxed{+}$ 7 $\boxed{\div}$ 8 $\boxed{)}$ $\boxed{)}$ $\boxed{)}$ $\boxed{=}$	*0.9964412811*

Aufgabe	Tastenfolge	Ergebnis
$\dfrac{314{,}6 \cdot 10^{14} - 2{,}47 \cdot 10^{16}}{0{,}745 \cdot 10^{8} \cdot 1{,}602 \cdot 10^{-5}}$	314.6 $\boxed{\text{EE}}$ 14 $\boxed{-}$ 2.47 $\boxed{\text{EE}}$ 16 $\boxed{=}$ $\boxed{\div}$ .745 $\boxed{\text{EE}}$ 8 $\boxed{\div}$ 1.602 $\boxed{\text{EE}}$ 5 $\boxed{+/-}$ $\boxed{=}$	*5.664060864 12*
$\left(\dfrac{5800347}{0{,}000156} + 672 \cdot 10^{8}\right)\dfrac{0{,}0706}{981050}$	5800347 $\boxed{\div}$ .000156 $\boxed{+}$ 672 $\boxed{\text{EE}}$ 8 $\boxed{=}$ $\boxed{\times}$ .0706 $\boxed{\div}$ 981050 $\boxed{=}$ $\boxed{\text{INV}}$ $\boxed{\text{EE}}$	*7.511695464 03* *7511.695464*

Sehen wir uns das drittletzte Beispiel noch einmal etwas genauer an. Durch Betätigen der Taste $\boxed{)}$ wird jeweils eine unvollständige Operation abgeschlossen:

$$5 + \frac{7}{8} = 5{,}875; \quad 4 - \frac{6}{5{,}875} = 2{,}978723404; \quad 1 + \frac{3}{2{,}978723404} = 2{,}007142857.$$

Hätten wir nach der 8 unmittelbar die Taste $\boxed{=}$ gedrückt, so würde der Rechner alle unvollständigen Operationen ‚aufarbeiten' und sofort den Endwert 0,9964412811 ausgeben. Überprüfen Sie diese Art des Abschlusses selbst mit Ihrem Rechner.

1.3. Datenspeicher (Datenregister, Memories)

Bei der Berechnung der Zahl

$$z = 4 \cdot \left(0{,}5 + \frac{3\pi}{4}\right) + \frac{3}{5 + \frac{1}{2} \cdot \left(0{,}5 + \frac{3\pi}{4}\right)} - 2 \cdot \left(0{,}5 + \frac{3\pi}{4}\right)^2 + \frac{7}{0{,}5 + \frac{3\pi}{4}}$$

werden wir beachten, daß der Term $0{,}5 + \frac{3\pi}{4}$ an 4 verschiedenen Positionen steht. Es erscheint sinnvoll, die Berechnung aufzuteilen in

$$y = 0{,}5 + \frac{3\pi}{4} \quad \text{und} \quad z = 4 \cdot y + \frac{3}{5 + \frac{1}{2} \cdot y} - 2 \cdot y^2 + \frac{7}{y}$$

Den Zahlenwert y können wir im Rechner in einem seiner 10 **Datenspeicher** (Memories) R_0, R_1, R_2, …, R_9 aufbewahren und von dort jederzeit wieder zur Weiterverarbeitung in das AR zurückholen.

Wir führen folgende Abkürzungen (mit $n \in \mathbb{N}_{0,9}$) ein:

(R_n) : Inhalt des Datenspeichers R_n; also die in R_n gespeicherte Zahl.

$(AR) \rightarrow R_n$: Der Inhalt des AR wird in den Speicher R_n gebracht.

Die Speichertasten $\boxed{\text{STO}}$ (Store), $\boxed{\text{RCL}}$ (Recall), $\boxed{\text{*EXC}}$ (Exchange) und $\boxed{\text{*CM}_\text{s}}$ (Clear all Memories) besitzen die folgende Bedeutung:

$\boxed{\text{STO}}$ n: $(AR) \rightarrow R_n \wedge (AR)$ bleibt im AR erhalten,

$\boxed{\text{RCL}}$ n: $(R_n) \rightarrow AR \wedge (R_n)$ bleibt im R_n erhalten,

$\boxed{\text{*EXC}}$ n: $(R_n) \rightarrow AR \wedge (AR) \rightarrow R_n$; kurz: $(R_n) \leftrightarrow (AR)$,

$\boxed{\text{*CM}_\text{s}}$: löscht die Inhalte aller R_n, (AR) bleibt erhalten.

Bemerkungen:

1. $\boxed{\text{STO}}$, $\boxed{\text{RCL}}$, $\boxed{\text{*EXC}}$ dürfen *ohne* Adressierung durch eine einziffrige Zahl *nicht* benutzt werden (Blinken!).

2. Die Speichertasten dürfen in eine *unvollständige* Operation gesetzt werden. Zum Beispiel wird in der Tastenfolge 2 $\boxed{\text{STO}}$ 5 $\boxed{+}$ 3 $\boxed{=}$ die Zahl 2 nach R_5 gespeichert und danach die Zahl 3 zu der im AR stehenden 2 addiert. Dieselbe Wirkung würde durch 2 $\boxed{+}$ $\boxed{\text{STO}}$ 5 3 $\boxed{=}$ erreicht.

3. Durch $\boxed{\text{*CM}_s}$ werden die Inhalte *aller* R_n durch 0 ersetzt. Soll nur der Inhalt *eines* Speichers, z.B. R_6, gelöscht werden, so erreichen wir dieses mit den Tasten 0 $\boxed{\text{STO}}$ 6.

Beispiel: Berechnung der obigen Zahl z. Der Zwischenwert y soll nach R_0 gespeichert werden: $y \rightarrow R_0$.

Tastenfolge: .5 $\boxed{+}$ 3 $\boxed{\times}$ $\boxed{*\pi}$ $\boxed{\div}$ 4 $\boxed{=}$ $\boxed{\text{STO}}$ 0 $\boxed{\times}$ 4 $\boxed{+}$ 3 $\boxed{\div}$ $\boxed{(}$ 5 $\boxed{+}$ $\boxed{\text{RCL}}$ 0 $\boxed{\div}$ 2 $\boxed{)}$ $\boxed{-}$ 2 $\boxed{\times}$ $\boxed{\text{RCL}}$ 0 $\boxed{x^2}$ $\boxed{+}$ 7 $\boxed{\div}$ $\boxed{\text{RCL}}$ 0 $\boxed{=}$

Ergebnis: $z = -1{,}973401385$

Beispiel: Für einen geraden Kreiszylinder mit dem Durchmesser d = 24,3 cm und der Höhe h = 18,6 cm sollen berechnet werden:

die Mantelfläche $\qquad A_M = \pi d h$

die Oberfläche $\qquad A = A_M + \dfrac{\pi}{2} d^2$

das Volumen $\qquad V = \dfrac{\pi}{4} d^2 h = \dfrac{1}{4} A_M d$

Die Ergebnisse sollen in cm² bzw. cm³ auf eine Nachkommastelle genau angegeben werden.

Mit der Speicherfestlegung $d \rightarrow R_1$ und $A_M \rightarrow R_2$ sieht die Berechnung folgendermaßen aus:

Eingabe/Taste	Anzeige	Bemerkungen
$\boxed{\text{*fix}}$	0.	(AR) auf eine
1	0.0	Nachkommastelle
$\boxed{*\pi}$	3.1	
$\boxed{\times}$	3.141592654	π
24.3	24.3	Eingabe d
$\boxed{\text{STO}}$	24.3	
1	24.3	$d \rightarrow R_1$
$\boxed{\times}$	76.34070148	$\pi \cdot d$
18.6	18.6	Eingabe h
$\boxed{=}$	1419.9	Ergebnis A_M
$\boxed{\text{STO}}$	1419.9	
2	1419.9	$A_M \rightarrow R_2$
$\boxed{+}$	1419.937048	A_M
$\boxed{*\pi}$	3.1	
$\boxed{\div}$	3.141592654	
2	2	

Eingabe /Taste	Anzeige	Bemerkungen
$\boxed{x}$	1.570796321	$\dfrac{\pi}{2}$
$\boxed{RCL}$	1.6	
1	24.3	$(R_1) = d \rightarrow AR$
$\boxed{x^2}$	590.5	d^2
$\boxed{=}$	2347.5	Ergebnis A
$\boxed{RCL}$	2347.5	
2	1419.9	$(R_2) = A_M \rightarrow AR$
$\boxed{\div}$	1419.937048	A_M
4	4	
$\boxed{x}$	354.9842619	$A_M /4$
$\boxed{RCL}$	355.0	
1	24.3	$(R_1) = d \rightarrow AR$
$\boxed{=}$	8626.1	Ergebnis V

Ergebnisse: $A_M = 1419{,}9 \ cm^2$; $A = 2347{,}5 \ cm^2$; $V = 8626{,}1 \ cm^3$

Beispiel: Es soll die Quadratwurzel $x = \sqrt{a}$ (ohne Benutzung der Taste $\boxed{\sqrt[*]{x}}$)
berechnet werden.

Ist x_0 ein Näherungswert für x, so berechnen wir einen 2. Näherungswert x_1 nach der
Vorschrift:

$$x_1 = \frac{1}{2} \left(x_0 + \frac{a}{x_0} \right)$$

Erläuterung des Verfahrens: Ist $x_0 > \sqrt{a}$, so ist $\dfrac{a}{x_0} < \sqrt{a}$.

Der arithmetische Mittelwert x_1 aus diesen
Zahlen x_0 und $\dfrac{a}{x_0}$ (s. Darstellung auf der
Zahlengeraden) wird daher im allgemeinen eine
bessere Näherung für $\sqrt{a}$ sein als x_0. Entsprechendes gilt, wenn $x_0 < \sqrt{a}$ und damit
$\dfrac{a}{x_0} > \sqrt{a}$ ist.

Den errechneten Wert x_1 machen wir zum neuen Ausgangswert x_0 und berechnen nach
obiger Vorschrift den nächsten Näherungswert, d.h. wir wiederholen (iterieren) denselben
Rechnungsgang mit einem neuen Zahlenwert. Rechenmethoden dieser Art, die in der
numerischen Mathematik häufig benutzt werden, nennt man **Iterationsmethoden** oder
Iterationsverfahren. Die Folge $x_1, x_2, x_3 \ldots$, die wir nach der obigen Iterationsvorschrift
erhalten, konvergiert gegen den Grenzwert $x = \sqrt{a}$ [1].

---

[1] Beweise über Konvergenz von Folgen findet der Leser in den Lehrbüchern der Analysis.

Wir führen die Rechnung durch für $a = 6{,}5$ mit $x_0 = 2$ und iterieren so oft, bis eine gewünschte Genauigkeit erreicht ist.

Speicherplan: $a = 6{,}5 \rightarrow R_1$, $x_0 \rightarrow R_2$

Tastenfolge: 6.5 $\boxed{\text{STO}}$ 1 2 $\boxed{\text{STO}}$ 2 $\boxed{+}$ $\boxed{\text{RCL}}$ 1 $\boxed{\div}$ $\boxed{\text{RCL}}$ 2 $\boxed{=}$ $\boxed{\div}$ 2 $\boxed{=}$

Ergebnis: $x_1 = 2{,}625$

Bei der Berechnung der nächsten x-Werte brauchen wir die Speicherung von $a = 6{,}5$ nach R_1 nicht erneut vorzunehmen. Auch die Eingabe des nächsten Ausgangswertes (x_0) ist nicht erforderlich, dieser Wert steht bereits als Ergebnis der vorhergehenden Rechnung im AR. Mit der Tastenfolge

$\boxed{\text{STO}}$ 2 $\boxed{+}$ $\boxed{\text{RCL}}$ 1 $\boxed{\div}$ $\boxed{\text{RCL}}$ 2 $\boxed{=}$ $\boxed{\div}$ 2 $\boxed{=}$

erhalten wir insgesamt die Zahlenfolge

2; 2,625; 2,55059238; 2,549509988; 2,549509757; 2,549509757

Ergebnis: $\sqrt{6{,}5} = 2{,}549509757$

Für das Arbeiten mit Speichern bieten die folgenden Tasten oftmals Rechenerleichterungen:

	$\boxed{\text{SUM}}$ n:	$(R_n) + (AR) \rightarrow R_n$, d.h. der Inhalt des AR wird zum Inhalt des Speichers R_n addiert und in R_n gespeichert. (AR) bleibt im AR erhalten.
$\boxed{\text{INV}}$	$\boxed{\text{SUM}}$ n:	$(R_n) - (AR) \rightarrow R_n$
	$\boxed{\text{*PROD}}$ n:	$(R_n) \cdot (AR) \rightarrow R_n$
$\boxed{\text{INV}}$	$\boxed{\text{*PROD}}$ n:	$\dfrac{(R_n)}{(AR)} \rightarrow R_n$

Beispiel: Für $x_1 = 4$, $x_2 = 5$, $x_3 = 6$ sollen $s_1 = x_1 + x_2 + x_3$, $s_2 = 2x_1 + 3x_2 + 4x_3$, $p = x_1 \cdot x_2 \cdot x_3$, $a = s_1 \cdot s_2$ und $b = \dfrac{1}{p} + \dfrac{s_1}{s_2}$ berechnet werden.

Speicherplan: $s_1 \rightarrow R_1$, $s_2 \rightarrow R_2$, $p \rightarrow R_3$

Eingabe / Taste	Anzeige	Bemerkungen
$\boxed{\text{*CM}_s}$	0.	Löschen aller R_n
4	4	Eingabe $x_1 = 4$
$\boxed{\text{SUM}}$	4.	$0 + 4 = 4 \rightarrow R_1$
1	4.	
$\boxed{\text{STO}}$	4.	$4 \rightarrow R_3$
3	4.	
$\boxed{\times}$	4.	
2	2	
$\boxed{=}$	8.	$2 \cdot 4 = 8$

Eingabe/Taste	Anzeige	Bemerkungen
SUM	8.	$0 + 8 = 8 \rightarrow R_2$
2	8.	
5	5	Eingabe $x_2 = 5$
SUM	5.	$4 + 5 = 9 \rightarrow R_1$
1	5.	
*PROD	5.	$4 \cdot 5 = 20 \rightarrow R_3$
3	5.	
$\times$	5.	
3	3	
=	15.	$3 \cdot 5 = 15$
SUM	15.	$8 + 15 = 23 \rightarrow R_2$
2	15.	
6	6	Eingabe $x_3 = 6$
SUM	6.	$9 + 6 = 15 \rightarrow R_1$
1	6.	
*PROD	6.	$20 \cdot 6 = 120 \rightarrow R_3$
3	6.	
$\times$	6.	
4	4	
=	24.	$4 \cdot 6 = 24$
SUM	24.	$23 + 24 = 47 \rightarrow R_2$
2	24.	
RCL	24.	$(R_1) = s_1 = 15 \rightarrow AR$
1	15.	
$\times$	15.	
RCL	15.	$(R_2) = s_2 = 47 \rightarrow AR$
2	47.	
=	705.	$s_1 \cdot s_2 = a$
RCL	705.	$(R_3) = p = 120 \rightarrow AR$
3	120.	
*1/x	.0083333333	Reziprokwert von p
$+$	.0083333333	
RCL	.0083333333	$s_1 \rightarrow AR$
1	15.	

Eingabe/Taste	Anzeige	Bemerkungen
[RCL]	*15.*	$\left.\begin{array}{c} \\ \\ \end{array}\right\}$ $s_2 \rightarrow AR$
2	*47.*	
[=]	*.3274822695*	$\dfrac{1}{p} + \dfrac{s_1}{s_2} = b$

Ergebnisse: $s_1 = 15$; $s_2 = 47$; $p = 120$; $a = 705$; $b = 0{,}3274822695$

1.4. Funktionstasten

Den Gebrauch der verschiedenen Funktionstasten wollen wir an einigen Beispielen erläutern.

[y^x und $\sqrt[x]{y}$] — Zulässig für $y \geq 0$. Für $y < 0$ wird der Wert $|y|^x$ oder $\sqrt[x]{|y|}$ durch Blinken angezeigt.

Einfache Berechnungen:

Berechnet werden soll	Eingabe	Taste	Eingabe	Taste	Ergebnis
2^3	2	y^x	3	=	*8*
$\sqrt[5]{32}$	32	$\sqrt[x]{y}$	5	=	*2*
$32^{1/5} = 32^{0,2}$	32	y^x	.2	=	*2*
$2{,}84^{-0,74}$	2.84	y^x	$-.74$	=	*0,4618962415*
$\sqrt[3,8]{0{,}0614}$	.0614	$\sqrt[x]{y}$	3.8	=	*0,4798405429*

Für *zusammengesetzte Berechnungen* gilt die Ergänzung zur Hierarchieregel (s. 1.1):

Die Berechnung von Potenzen y^x oder $\sqrt[x]{y}$ hat Vorrang vor den Grundrechenarten (kurz: Potenzrechnung geht vor Punktrechnung, diese vor Strichrechnung).

Zum Beispiel wird $1 + 4 \cdot 2^3$ mit der

Tastenfolge: 1 [+] 4 [×] 2 [y^x] 3 [=]

oder: 2 [y^x] 3 [×] 4 [+] 1 [=]

berechnet. Dagegen wird mit

2 [y^x] [(] 3 [×] 4 [+] 1 [)] [=]

der Zahlenwert $2^{3 \cdot 4 + 1} = 2^{13} = 8192$ berechnet. Oder mit

[(] 1 [+] 4 [×] 2 [)] [y^x] 3 [=]

der Zahlenwert $9^3 = 729$.

Bei den folgenden Beispielen sollten Sie sich vor jedem Betätigen einer Taste genau überlegen, was der Rechner danach ausführen wird.

Beispiel: $$\dfrac{3 \cdot 6{,}47^{0{,}84} + 1{,}31^{\frac{42}{29}}}{\sqrt[5]{76{,}8}}$$

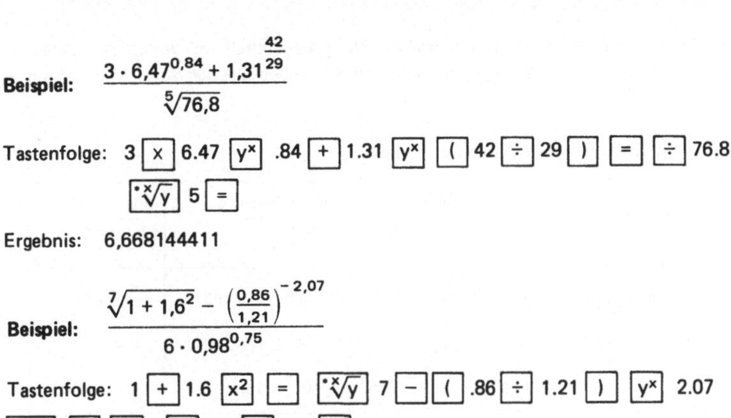

Tastenfolge: 3 $\boxed{\times}$ 6.47 $\boxed{y^x}$ .84 $\boxed{+}$ 1.31 $\boxed{y^x}$ $\boxed{(}$ 42 $\boxed{\div}$ 29 $\boxed{)}$ $\boxed{=}$ $\boxed{\div}$ 76.8 $\boxed{^\bullet\sqrt[x]{y}}$ 5 $\boxed{=}$

Ergebnis: 6,668144411

Beispiel: $$\dfrac{\sqrt[7]{1 + 1{,}6^2} - \left(\dfrac{0{,}86}{1{,}21}\right)^{-2{,}07}}{6 \cdot 0{,}98^{0{,}75}}$$

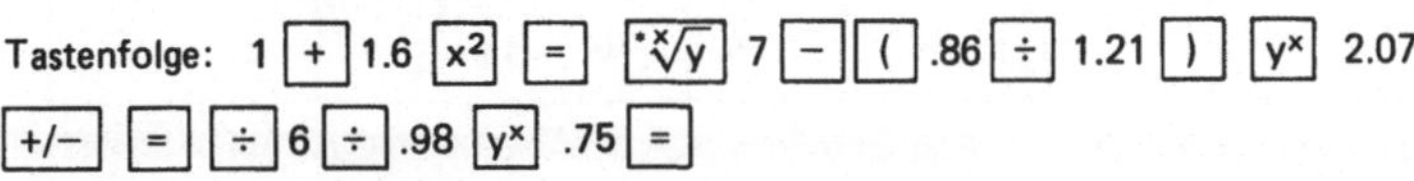

Tastenfolge: 1 $\boxed{+}$ 1.6 $\boxed{x^2}$ $\boxed{=}$ $\boxed{^\bullet\sqrt[x]{y}}$ 7 $\boxed{-}$ $\boxed{(}$ .86 $\boxed{\div}$ 1.21 $\boxed{)}$ $\boxed{y^x}$ 2.07 $\boxed{+/-}$ $\boxed{=}$ $\boxed{\div}$ 6 $\boxed{\div}$ .98 $\boxed{y^x}$ .75 $\boxed{=}$

Ergebnis: $-$ 0,1402049962

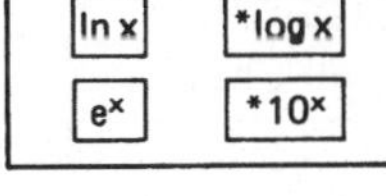

$\log x = \lg x = \log_{10} x$ und $\ln x = \log_e x$ sind definiert für $x > 0$. Für $x < 0$ wird $\log |x|$ oder $\ln |x|$ berechnet und durch Blinken angezeigt.

Beispiel: $$\dfrac{\ln (3 + \sqrt{5}) \cdot 10^{0{,}72}}{e^{-\frac{3{,}28}{2{,}64}}}$$

Tastenfolge: 3 $\boxed{+}$ 5 $\boxed{^\bullet\sqrt{x}}$ $\boxed{=}$ $\boxed{\ln x}$ $\boxed{\times}$ .72 $\boxed{^\bullet 10^x}$ $\boxed{\div}$ $\boxed{(}$ 3.28 $\boxed{\div}$ 2.64 $\boxed{)}$ $\boxed{+/-}$ $\boxed{e^x}$ $\boxed{=}$

Ergebnis: 30,09717675

Beispiel: $$\dfrac{\sqrt{(\ln 1{,}84)^2 + 3}}{4 \cdot \ln (1{,}3 + e^{1{,}5})^2}$$

Tastenfolge: 1.84 $\boxed{\ln x}$ $\boxed{x^2}$ $\boxed{+}$ 3 $\boxed{=}$ $\boxed{^\bullet\sqrt{x}}$ $\boxed{\div}$ 4 $\boxed{\div}$ $\boxed{(}$ 1.3 $\boxed{+}$ 1.5 $\boxed{e^x}$ $\boxed{)}$ $\boxed{x^2}$ $\boxed{\ln x}$ $\boxed{=}$

Ergebnis: 0,1308097056

Für den im AR angezeigten Winkel erhalten wir den Wert der jeweiligen trigonometrischen Funktion.

Einen Winkel können wir in einem der drei Winkelmaße eingeben:

Gradmaß   (linken Schalter unter der Anzeige auf D (Degree) stellen),

neues Gradmaß   (linken Schalter auf G (Gon) stellen),

Bogenmaß   (Taste $\boxed{^\bullet\text{RAD}}$ (Radiant) betätigen; mit $\boxed{\text{INV}}$ $\boxed{^\bullet\text{RAD}}$ wird vom Bogenmaß wieder auf ein Gradmaß geschaltet).

Es gilt: $360° = 400^g = 2\pi$ (rad).

Es ist vielfach üblich, bei der Angabe eines Winkels im Bogenmaß rad wegzulassen, also z.B. $180° = \pi$ zu schreiben. Wir werden in diesem Buch ebenfalls den Winkel im Bogenmaß ohne rad angeben.

Ermittlung der Hauptwerte der Arcusfunktionen:

zulässige Variable $x = (AR)$	Funktion y	Tasten	Gradmaß $\boxed{\rightarrow}$ D	neues Gradmaß G $\boxed{\leftarrow}$	Bogenmaß $\boxed{*RAD}$
$\lvert x\rvert \leqq 1$	arc sin x	$\boxed{INV}\ \boxed{sin}$	$-90° \leqq y \leqq 90°$	$-100^g \leqq y \leqq 100^g$	$-\dfrac{\pi}{2} \leqq y \leqq \dfrac{\pi}{2}$
$\lvert x\rvert \leqq 1$	arc cos x	$\boxed{INV}\ \boxed{cos}$	$0° \leqq y \leqq 180°$	$0^g \leqq y \leqq 200^g$	$0 \leqq y \leqq \pi$
$\lvert x\rvert < 10^{10}$	arc tan x	$\boxed{INV}\ \boxed{tan}$	$-90° (\leqq) y (\leqq) 90°$	$-100^g (\leqq) y (\leqq) 100^g$	$-\dfrac{\pi}{2} (\leqq) y (\leqq) \dfrac{\pi}{2}$

Die häufiger auftretenden Umrechnungen vom Grad- auf das Bogenmaß und umgekehrt sind in der folgenden Tabelle zusammengestellt.

Im (AR) steht der Winkel im	Tastenfolge	Im (AR) erscheint der Winkel im
Gradmaß	$\boxed{\times}\ \boxed{*\pi}\ \boxed{\div}\ 180\ \boxed{=}$ oder: $\boxed{sin}\ \boxed{*RAD}\ \boxed{INV}\ \boxed{sin}$	Bogenmaß
Bogenmaß	$\boxed{\times}\ \boxed{180}\ \boxed{\div}\ \boxed{*\pi}\ \boxed{=}$ oder: $\boxed{sin}\ \boxed{INV}\ \boxed{*RAD}\ \boxed{\rightarrow}\ D$ $\boxed{INV}\ \boxed{sin}$	Gradmaß

Beispiel:
$$\frac{\sin 25{,}6° + 2 \cdot \cos \dfrac{81{,}6°}{1{,}2}}{\sqrt{1 + 3 \cdot \tan^2 18{,}7°}}$$

Tastenfolge: $\boxed{\rightarrow}$ D 25.6 $\boxed{sin}$ $\boxed{+}$ 2 $\boxed{\times}$ $\boxed{(}$ 81.6 $\boxed{\div}$ 1.2 $\boxed{)}$ $\boxed{cos}$ $\boxed{=}$ $\boxed{\div}$ $\boxed{(}$ 1 $\boxed{+}$ 3 $\boxed{\times}$ 18.7 $\boxed{tan}$ $\boxed{x^2}$ $\boxed{)}$ $\boxed{*\sqrt{x}}$ $\boxed{=}$

Ergebnis: 1,019077536

Beispiel: $4 \cdot \text{arc sin} \dfrac{\sqrt{1 + 0{,}25^2}}{2} - \text{arc tan} \dfrac{5}{12}$ (Berechnung in Grad- und Bogenmaß auf 2 Nachkommastellen).

Tastenfolge: $\boxed{\rightarrow}$ D $\boxed{*fix}$ 2 1 $\boxed{+}$ .25 $\boxed{x^2}$ $\boxed{=}$ $\boxed{*\sqrt{x}}$ $\boxed{\div}$ 2 $\boxed{=}$ $\boxed{INV}$ $\boxed{sin}$ $\boxed{\times}$ 4 $\boxed{-}$ $\boxed{(}$ 5 $\boxed{\div}$ 12 $\boxed{)}$ $\boxed{INV}$ $\boxed{tan}$ $\boxed{=}$ $\boxed{sin}$ $\boxed{*RAD}$ $\boxed{INV}$ $\boxed{sin}$

Ergebnis: $101{,}47° = 1{,}77$

1.5. Übungsaufgaben

Notieren Sie die vollständige Tastenfolge für die jeweilige Aufgabe, bevor Sie mit dem Eintasten in den Rechner beginnen.

1.1. Berechnen Sie

a) $\dfrac{768 + 3 \cdot \sqrt{1025}}{2 \cdot (7{,}8 + 5 \cdot 3{,}1)^2}$

b) $\dfrac{25{,}8 - \dfrac{18{,}7}{1{,}02 - 0{,}34}}{(2{,}1 + 6{,}8) \cdot \sqrt{0{,}746 + 0{,}132}}$

c) $\dfrac{6 \cdot 1{,}34^{1{,}72} + 5 \cdot \sqrt[4]{20{,}63}}{0{,}65^{7{,}21 + 5{,}43}}$

d) $\dfrac{4 \cdot \sqrt[5]{2{,}38} + 1{,}41^{3{,}68} + 1}{(4{,}08^2 \cdot 0{,}81 + \sqrt{18{,}3})^2 + 2}$

e) $10^{14{,}9} \cdot \ln \dfrac{0{,}41}{8023}$

f) $\dfrac{\ln (1 + \sin 4{,}68°)}{\cos \left(1{,}42 \cdot \ln \dfrac{2}{1{,}65}\right)}$

g) $\ln (14{,}2 - 2{,}5 \cdot 8{,}4^{1/3}) + 2 \cdot e^{-\sqrt{0{,}876}}$

h) $\dfrac{1}{2} \left(\arcsin \dfrac{4}{4{,}3 + \sqrt{12{,}6}} + 3 \cdot \arccos e^{-\frac{268}{308}} \right)$

1.2. Welchen Zahlenwert zeigt der Rechner in den Tastenfolgen a), b) und c) nach Betätigen der letzten $\boxed{=}$-Taste an? Überprüfen Sie das von Ihnen vorausgesagte Ergebnis mit dem Rechner.

a) 2 $\boxed{+}$ 3 $\boxed{\times}$ 16 $\boxed{\sqrt[*]{x}}$ $\boxed{-}$ 8 $\boxed{\div}$ 2 $\boxed{=}$ $\boxed{\div}$ $\boxed{(}$ 4 $\boxed{x^2}$ $\boxed{+}$ 3 $\boxed{x^2}$ $\boxed{)}$ $\boxed{\sqrt[*]{x}}$ $\boxed{=}$

b) $\boxed{(}$ 4 $\boxed{+}$ 2 $\boxed{)}$ $\boxed{\div}$ 3 $\boxed{=}$ $\boxed{STO}$ 7 13 $\boxed{-}$ $\boxed{RCL}$ 7 $\boxed{y^x}$ 3 $\boxed{=}$ $\boxed{STO}$ 8 $\boxed{-}$

    6 $\boxed{+}$ $\boxed{RCL}$ 7 $\boxed{\times}$ $\boxed{RCL}$ 8 $\boxed{=}$

c) 4 $\boxed{\times}$ 20 $\boxed{+}$ 1 $\boxed{=}$ $\boxed{\sqrt[*x]{y}}$ 4 $\boxed{y^x}$ 2 $\boxed{+/-}$ $\boxed{\times}$ 18 $\boxed{+}$ 1 $\boxed{=}$ $\boxed{y^x}$ 1 $\boxed{+/-}$ $\boxed{+}$

    2 $\boxed{\div}$ 3 $\boxed{=}$

1.3. Berechnen Sie für $z_1 = 8$, $z_2 = 4$, $z_3 = 2$

$$s_1 = z_1 - z_2 + z_3; \quad s_2 = z_1^2 + z_2^2 + z_3^2; \quad p = z_1^2 \cdot z_2^2 \cdot z_3^2; \quad q = (z_1/z_2)/z_3; \quad r = s_1 \cdot s_2 \cdot q \cdot \sqrt[6]{p}$$

Tasten Sie bei dieser Aufgabe jeden der z-Werte nur einmal ein.

1.4. Berechnen Sie für einen geraden Kreiskegel mit dem Durchmesser $d = 18{,}4$ dm und der Höhe $h = 12{,}3$ dm

die Mantelfläche $\quad A_M = \dfrac{\pi}{2} d s = \dfrac{\pi}{2} d \sqrt{\left(\dfrac{d}{2}\right)^2 + h^2}$

die Oberfläche $\quad A = \dfrac{\pi}{4} d^2 + A_M$

das Volumen $\quad V = \dfrac{\pi}{3} d^2 h$

Geben Sie A_M und A in dm^2 und V in dm^3 auf eine Nachkommastelle an.

2. Programmaufbau und Programmherstellung

2.1. Ein einfaches Programm entsteht

Für ein Quadrat mit zwei angesetzten
Halbkreisen (Bild 2.1.1) berechnen
wir den Flächeninhalt

$$A = \left(1 + \frac{\pi}{4} \right) d^2$$

für d = 2 cm mit der Tastenfolge

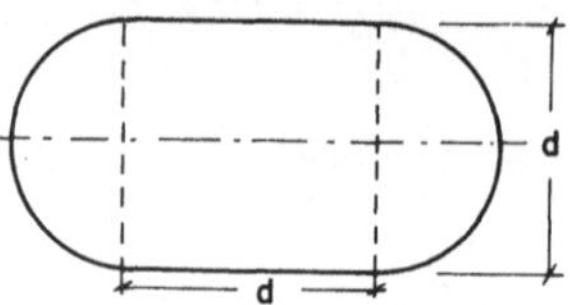
Bild 2.1.1

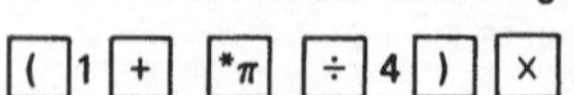

Soll der Flächeninhalt A für mehrere (z.B. für 8) verschiedene Durchmesser d ausgerechnet werden, so könnten wir jedesmal die obigen Tasten mit dem jeweiligen Wert von d
betätigen. Wir hätten dann (abgesehen von der Eingabe von d) $8 \cdot 10 = 80$ Tasten in
immer wieder derselben Reihenfolge zu drücken. Diese Arbeit der achtmaligen (oder noch
öfteren) Wiederholung nimmt uns der programmierbare Rechner ab. Wir können dabei
die obige Tastenfolge bis auf wenige zusätzliche ‚Anweisungen' bereits als ‚Programm'
benutzen, das wir dem Rechner nur *einmal* einzugeben brauchen, um dann mit wenigen
Tasten für einen Wert von d den Flächeninhalt A auszurechnen.

Unter einer **Anweisung** (Befehl) wollen wir jede Vorschrift verstehen, die wir dem
Rechner durch Tastendruck mitteilen können. Zum Beispiel würde die Anweisung

x^2 bewirken: Quadriere den im AR stehenden Zahlenwert,

oder RCL 3: Bringe den im Speicher R_3 stehenden Zahlenwert in das Anzeigeregister, kurz: $(R_3) \rightarrow AR$,

oder *CM$_s$: Lösche alle 10 Speicher R_0 bis R_9.

| Eine Folge von Anweisungen bezeichnen wir als Programm.

Daß dabei diese Folge auch eine sinnvolle Folge sein soll, versteht sich eigentlich von selbst.

So würde z.B.

RCL + 3 *fix 4 ÷ =

keine sinnvolle (wir würden sagen: keine zulässige) Tastenfolge sein. Probieren Sie selbst,
was Ihnen der Rechner als Antwort auf diese Tastenfolge gibt! Überlegen Sie, was nicht
zulässig ist.

Der wesentliche Unterschied zwischen einem nicht-programmierbaren und einem programmierbaren Rechner besteht darin, daß dieser nicht nur Daten (Zahlen) speichern
kann, wie wir in 1.3 gesehen haben, sondern auch Anweisungen wie STO 3, + ,
SUM 5 usw. Der programmierbare Rechner führt diese gespeicherten Anweisungen
später selbständig in der Reihenfolge der eingegebenen Speicherung aus.

Geben Sie für unser obiges Beispiel dem Rechner diese Tastenfolge ein:

LRN (1 + *π ÷ 4) x R/S x^2 = R/S RST LRN RST

Betätigen Sie jetzt $\boxed{\text{R/S}}$ 2 $\boxed{\text{R/S}}$, so erscheint im AR der Wert A = 7,141592654
für d = 2. Oder mit $\boxed{\text{R/S}}$ 3 $\boxed{\text{R/S}}$: A = 16,06858347 für d = 3.

Wir haben ein einfaches Programm zur Berechnung des Flächeninhalts A für verschiedene Durchmesser d benutzt, ohne genau zu wissen, was die oben benutzten Tasten $\boxed{\text{LRN}}$, $\boxed{\text{R/S}}$, $\boxed{\text{RST}}$ im einzelnen bewirken. Warum diese Tasten in dem Programm in der angegebenen Art zu betätigen sind, soll in den folgenden Abschnitten erklärt werden.

2.2. Die Eingabe eines Programms

Bisher haben wir den Rechner immer benutzt, um unmittelbar mit ihm zu rechnen. Wir sagen auch: Der Rechner arbeitet in der Betriebsart **RECHNEN**. Daneben gibt es die Betriebsart **LEARN**, in der dem Rechner Programme eingegeben werden können. Die einzelnen Anweisungen werden in den 100 Programmspeichern, die von 00 bis 99 durchnumeriert sind, in verschlüsselter Form in der Reihenfolge der Eingabe gespeichert.

In diese Betriebsart LEARN schalten wir den SR-56 aus der Betriebsart RECHNEN mit der Taste $\boxed{\text{LRN}}$. Nach dem Einschalten und Betätigen dieser Taste erscheint im Sichtfenster des Rechners:

$$\boxed{\quad\quad \textit{00 00} \quad}$$

Die ersten beiden Ziffern geben die **Programmspeicherstelle** (abgekürzt: PSS) oder **Befehlsadreßregisterstelle** (BARS) an, die letzten beiden Ziffern dienen zur numerischen Festlegung der einzelnen Tasten. So besitzt z.B. $\boxed{\text{RCL}}$ als Taste in der 3. Zeile und 4. Spalte auf dem Tastenfeld des Rechners den Tastenkode 34 oder die Taste $\boxed{\text{*EXC}}$ den Kode 39.
Die Anzeige $\boxed{\quad\quad \textit{56 48} \quad}$ z.B. würde bedeuten, daß in diesem Programm in der Befehlsadreßregisterstelle 56 die Anweisung $\boxed{\text{*}\sqrt{x}}$ (Tastenkode 48) gespeichert ist. Im Anhang (8.1) finden Sie für die Tasten, die in diesem Buch benutzt werden[1], den Tastenkode angegeben.

Die in 2.1 angegebene Tastenfolge beginnt in der Betriebsart LEARN folgendermaßen:

PSS	Kode	Taste
00	52	(
01	01	1
02	84	+
03	69	$*\pi$
04	54	÷
	usw.	

Beim Aufschreiben eines Programms werden wir später die Durchnumerierung der Programmspeicherstellen und daneben die zu betätigende Taste (ab jetzt ohne Tastenumrandung) schreiben. Die Kenntnis der PSS oder BARS wird bei den meisten Aufgaben von Wichtigkeit sein. Den Tastenkode werden wir später nicht mitschreiben; er wird nur zur Überprüfung eines gespeicherten Programms von Bedeutung sein (s. 2.5).

Nach der Eingabe eines Programms schalten wir den Rechner aus der Betriebsart LEARN mit der Taste $\boxed{\text{LRN}}$ zurück in die Betriebsart RECHNEN. Merken wir uns:

> Die Taste $\boxed{\text{LRN}}$ schaltet den Rechner aus der Betriebsart RECHNEN in die Betriebsart LEARN und umgekehrt.

---

[1] Nicht benutzen werden wir alle Tasten, die nur über die Funktionstaste $\boxed{\text{f (n)}}$ zu erreichen sind.

Das Befehlsadreßregister (BAR) wird beim Umschalten von einer in die andere Betriebsart an *der* Programmspeicherstelle stehenbleiben, die es in der Betriebsart LEARN zuletzt innehatte. Wird in unserem Beispiel an der PSS 04 die Taste $\div$ betätigt, so erscheint $\boxed{\quad 05\ 00\quad}$. Diese Speicherstelle erscheint wieder nach zweimaligem Betätigen von $\boxed{\text{LRN}}$.

Bei der Durchführung eines Programms in der Betriebsart RECHNEN soll der Ablauf eines Programms meistens mit *der* Anweisung beginnen, die im Befehlsadreßregister in der Speicherstelle 00 steht.

Mit $\boxed{\text{RST}}$ (Reset) wird das Befehlsadreßregister auf die Speicherstelle 00 zurückgestellt. $\boxed{\text{RST}}$ kann sowohl als Anweisung in einem Programm als auch manuell in der Betriebsart RECHNEN benutzt werden.

Die Taste $\boxed{\text{RST}}$ werden wir ebenfalls betätigen, wenn wir zur Eingabe eines Programms mit $\boxed{\text{LRN}}$ in die Betriebsart LEARN schalten und nicht ganz sicher sind, ob infolge vorhergehender Benutzung des Rechners das BAR bereits auf 00 steht. Bei einem gerade erst eingeschalteten Rechner ist natürlich diese Taste nicht erforderlich.

Fassen wir zusammen:

Eingabe des Programms:

1. Den Rechner mit den Tasten $\boxed{\text{RST}}$ $\boxed{\text{LRN}}$ auf die Programmspeicherstelle 00 in der Betriebsart LEARN schalten.
2. Vollständiges Programm eintasten.
3. Mit $\boxed{\text{LRN}}$ in die Betriebsart RECHNEN schalten.
4. Mit $\boxed{\text{RST}}$ das Befehlsadreßregister auf 00 stellen.

Bei allen späteren Beispielen in diesem Buch wird vorausgesetzt, daß das Programm in dieser Weise eingegeben wird. Besonders der Abschluß mit $\boxed{\text{RST}}$ ist wichtig.

Beim SR-56 darf das Programm aus maximal 100 Programmschritten bestehen. Beim Eingeben eines Programms schaltet der Rechner nach dem 100. Schritt automatisch in die Betriebsart RECHNEN.

2.3. Das Starten und Anhalten eines Programms

Wie wir ein Programm in den Rechner eingeben, haben wir soeben gelernt. Was aber haben wir zu tun, damit das Programm mit der Rechnung beginnt und an den erforderlichen Stellen zur Eingabe gegebener Werte oder zur Anzeige gesuchter Werte anhält? Hier gilt:

Mit der Anweisung $\boxed{\text{R/S}}$ (Run Stop) wird ein laufendes Programm zum Anhalten gebracht. Der Rechner setzt seine Tätigkeit fort, wenn die Taste $\boxed{\text{R/S}}$ manuell betätigt wird.

Sehen wir uns das Programm zur Berechnung des Flächen-

inhalts $A = \left(1 + \dfrac{\pi}{4}\right) d^2$, das wir bereits in 2.1 angegeben haben

(dort ohne Erläuterungen), noch einmal an. Nebenstehend haben
wir es in der üblichen Form mit Angabe der Programmspeicherstellen geschrieben. In die PSS 08 wird die Anweisung $\boxed{\text{R/S}}$
gesetzt, um d manuell einzugeben. Danach wird das Programm
manuell mit der Taste $\boxed{\text{R/S}}$ wieder gestartet, der Rechner führt
dann die Anweisung $\boxed{x^2}$ der PSS 09 aus. Nach dem Gleichheitszeichen wird erneut gestoppt, damit der errechnete Wert A
im AR abgelesen werden kann. Nach dem manuellen Start
mit $\boxed{\text{R/S}}$ findet der Rechner in der PSS 12 die
Anweisung $\boxed{\text{RST}}$. Damit wird das BAR auf die Speicherstelle 00 gestellt, der Rechenablauf kann wieder neu beginnen.

PSS	Taste
00	(
01	1
02	+
03	*π
04	÷
05	4
06	)
07	×
08	R/S
09	x²
10	=
11	R/S
12	RST

Hätten wir die letzte Anweisung $\boxed{\text{RST}}$ *nicht* in das Programm hineingenommen, so würde
der Rechner in der PSS 12 keine Anweisung vorfinden, d.h. in diesem Programmschritt
wird nichts von ihm verlangt. Der Rechner geht dann zur PSS 13 über, in der wieder
keine Anweisung steht, auch in der PSS 14 nicht usw., bis hin zur PSS 99. Hier gibt
der Rechner die Suche nach weiterer Beschäftigung auf und signalisiert Unzufriedenheit.
Probieren Sie selbst einmal das Programm ohne diese letzte Anweisung $\boxed{\text{RST}}$. Oder
sollte Ihr Rechner mit seiner Untätigkeit doch zufrieden sein? Dann hat Ihr Rechner in
den Speicherstellen 12 bis 99 wohl noch Reste eines alten Programms vorgefunden und
verarbeitet. Wollen Sie dieses vermeiden, so beachten Sie:

> Die manuelle Betätigung der Taste $\boxed{\text{*CP}}$ (Clear Program) in der Betriebsart
> RECHNEN löscht alle Anweisungen in den Programmspeichern.

Dieselbe Wirkung können Sie natürlich erreichen, indem Sie Ihren Rechner aus- und
wieder einschalten.

Tasten Sie jetzt das obige Programm nach der Eingabevor-
schrift (s. 2.2) in den Rechner ein. Überprüfen Sie mit
diesem Programm die nebenstehende Tabelle für gegebene
Durchmesser d und berechnete Flächeninhalte A.
Mit $\boxed{\text{*fix}}$ 4 haben wir die Anzeige für A auf 4 Nachkommastellen eingestellt.

d in cm	A in cm²
2	7,1416
2,83	14,2991
4,15	30,7490
9,32	155,0840
12,80	292,5196
1,43	3,6510
0,83	1,2005
0,05	0,0045

Im folgenden geben wir noch weitere Varianten für ein Programm zur Berechnung des

Flächeninhalts. Die letzten beiden Programme benutzen die Darstellung $A = d^2 \left(1 + \dfrac{\pi}{4}\right)$.

In allen drei Fällen kommen wir mit *einer* $\boxed{\text{R/S}}$-Anweisung aus. Überlegen Sie, was vom
Rechner bei der Durchführung der Programme gemacht wird und was bei der 1. und den
weiteren Eingaben von d vom Benutzer auszuführen ist.

PSS	Taste	Taste	Taste
00	(	R/S	x^2
01	1	x^2	x
02	+	x	(
03	$*\pi$	(	1
04	÷	1	+
05	4	+	$*\pi$
06	)	$*\pi$	÷
07	=	÷	4
08	R/S	4	)
09	x^2	)	=
10	x	=	R/S
11	RST	RST	RST

Zur Übung bringen wir noch ein weiteres einfaches

Beispiel: Berechnung von Summenwerten

$$s_m = \sum_{k=1}^{m} k^2 = 1^2 + 2^2 + 3^2 + \ldots + (m-1)^2 + m^2 \quad \text{für} \quad m \in \mathbb{N}_n$$

Wir berechnen die Summe der ersten m Quadratzahlen nach der Formel

$s_m = s_{m-1} + m^2 \quad \text{mit} \quad m \in \mathbb{N}_n \quad \text{und} \quad s_0 = 0 \,.$

Wir können auch sagen:

neuer Summenwert = alter Summenwert + nächstes Glied der Reihe.

Hierfür wollen wir die aus dem ALGOL 60 (einer Programmiersprache für elektronische Rechenanlagen) bekannte Schreibweise

$s := s + m^2$

benutzen. (Mit dem in der Mathematik üblichen Gleichheitszeichen ist dagegen $s = s + m^2$ sinnlos.) Das Symbol $:=$ lesen wir ,ergibt sich aus' oder ,wird ersetzt durch' und nennen es die **Ergibtanweisung.**

Steht z.B. der alte s-Wert (s_{m-1}) im Speicher R_2 und der Wert m in R_1, so lautet für $s := s + m^2$ (wenn der neue s-Wert (s_m) zum Schluß in R_2 und im AR stehen soll) die Tastenfolge:

$\boxed{\text{RCL}}$ 1 $\boxed{\text{SUM}}$ 2 $\boxed{\text{RCL}}$ 2

oder auch: $\boxed{\text{RCL}}$ 2 $\boxed{+}$ $\boxed{\text{RCL}}$ 1 $\boxed{=}$ $\boxed{\text{STO}}$ 2 (umständlicher!).

18

Das Programm zur Berechnung der Summenwerte schreiben wir jetzt folgendermaßen:

PSS	Taste	Bemerkungen
00	1	
01	SUM	$m := m + 1 \to R_1$
02	1	
03	RCL	
04	1	$m = (R_1) \to AR$
05	x^2	m^2
06	SUM	$s := s + m^2 \to R_2$
07	2	
08	RCL	
09	2	$s = (R_2) \to AR$
10	R/S	
11	RST	Sprung auf PSS 00

Vor der Benutzung dieses Programms löschen wir mit $\boxed{*CM_s}$ vorsorglich alle Datenspeicher. Die Zahlenrechnung (für n = 12) ergibt:

m	1	2	3	4	5	6	7	8	9	10	11	12
s_m	1	5	14	30	55	91	140	204	285	385	506	650

(Wenn Sie übrigens s_n berechnen wollen, ohne vorher $s_1, s_2, \ldots, s_{n-1}$ zu ermitteln, dann benutzen Sie die Summenformel $s_n = \dfrac{n(n+1)(2n+1)}{6}$.)

2.4. Die unbedingte Sprunganweisung $\boxed{GTO}$

Von einem Dreieck sind zwei Winkel
$\alpha = 47{,}5°$ und $\beta = 62{,}8°$ gegeben.
Für die Seite

a = 13,5; 18,2; 21,4; 27,8; 32,0 cm

sind die Seiten b und c, der Flächeninhalt A und der Umfang U zu berechnen.

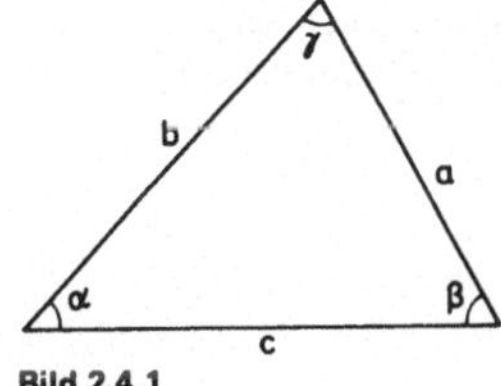

Bild 2.4.1

Es gelten:

$\gamma = 180° - (\alpha + \beta)$ (Winkelsumme im Dreieck = 180°),

$\dfrac{a}{\sin\alpha} = \dfrac{b}{\sin\beta} = \dfrac{c}{\sin\gamma}$ (Sinussatz der ebenen Trigonometrie),

$A = \dfrac{1}{2} \cdot c \cdot h_c = \dfrac{a \cdot c}{2} \sin\beta$ und $U = a + b + c$

Den Sinussatz schreiben wir:

$b = q \cdot \sin\beta$ und $c = q \cdot \sin\gamma$ mit $q = \dfrac{a}{\sin\alpha}$

19

In einem Speicherplan (Registerplan) legen wir zunächst fest, in welche Speicher wir die für die weitere Rechnung benötigten Werte $\alpha, \beta, \gamma, a, b, c, q$ bringen werden (s. nebenstehende Tabelle).

Danach stellen wir uns den Eingabe-, Rechen-, Speicher- und Ausgabeablauf schematisch durch ein **Flußdiagramm** oder einen **Programmablaufplan** dar. Dabei verwenden wir die folgenden Symbole:

für Eingabe oder Ausgabe,

für Start oder Stop,

für Berechnungen oder Speicheranweisungen.

Das *Flußdiagramm* für unsere obige Aufgabe kann (in sehr ausführlicher Form) wie nebenstehend abgebildet aussehen.

Die Stop-Anweisungen unterbrechen den Programmablauf, um gegebene Werte (α, β, a) einzugeben oder gesuchte Werte (γ, b, c, A, U) anzuzeigen. Die Fortsetzung des Programmablaufs erreichen wir manuell mit der Taste $\boxed{\text{R/S}}$. Nach der Berechnung von U haben wir zwei Ziele vor Augen: 1. Wir wollen den Wert U im AR ablesen, und 2. soll danach das Programm mit der Eingabe des nächsten a-Wertes wieder gestartet werden. Im Flußdiagramm haben wir dieses schematisch dargestellt durch eine Rückkehr auf (Stop) vor der Eingabe von a.

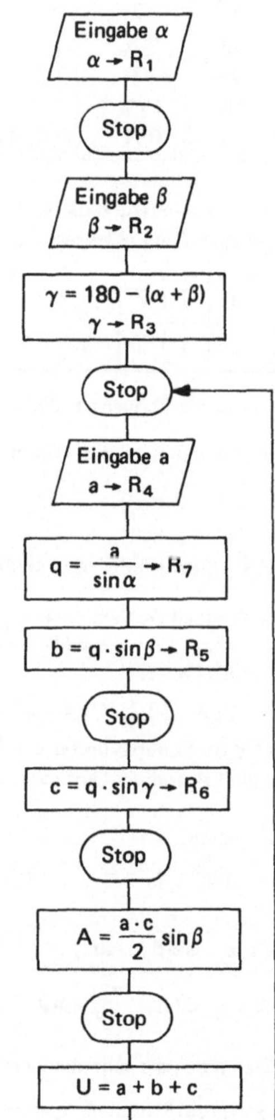

Eine Anweisung, mit der wir eine beliebige Stelle im Programm erreichen können, nennen wir eine Sprunganweisung, in diesem Fall eine **unbedingte Sprunganweisung,** da sie *immer* (unbedingt) ausgeführt werden soll.

Die Anweisung $\boxed{\text{GTO}}$ n m bewirkt in einem Programm einen Sprung auf die PSS n m.

Der Sprunganweisung $\boxed{\text{GTO}}$ (Go To) muß stets eine zweiziffrige Befehlsadreßregisterstelle n m folgen, nach der der Sprung durchgeführt werden soll. Diese Speicherstelle ergibt sich erst nach dem Aufstellen des Programms.

Übrigens haben wir mit $\boxed{\text{RST}}$ früher (s. 2.2) bereits eine andere unbedingte Sprunganweisung kennengelernt. Während wir aber mit $\boxed{\text{GTO}}$ jede Speicherstelle erreichen können, ist mit $\boxed{\text{RST}}$ nur der Sprung auf die PSS 00 (also auf den Anfang des Programms) möglich. $\boxed{\text{GTO}}$ 00 bewirkt dasselbe wie $\boxed{\text{RST}}$, benötigt aber 2 Programmspeicher mehr.

Aus dem Flußdiagramm entwickeln wir das Programm für unsere Dreiecksberechnungen:

PSS	Taste	Bemerkungen		PSS	Taste	Bemerkungen
00	STO	$\alpha \to R_1$		33	R/S	(AR) = b
01	1			34	RCL	$\gamma \to AR$
02	R/S			35	3	
03	STO	$\beta \to R_2$		36	sin	Berechnung
04	2			37	×	von c
05	+			38	RCL	$q \to AR$
06	RCL	$\alpha \to AR$		39	7	
07	1	Berechnung		40	=	
08	−	von γ		41	STO	$c \to R_6$
09	1			42	6	
10	8			43	R/S	(AR) = c
11	0			44	×	
12	=			45	RCL	$a \to AR$
13	+/−			46	4	
14	STO	$\gamma \to R_3$		47	÷	Berechnung
15	3			48	2	von A
16	R/S	(AR) = γ, (AR) = U		49	×	
17	STO	$a \to R_4$		50	RCL	$\beta \to AR$
18	4			51	2	
19	÷	Berechnung		52	sin	
20	RCL	von q		53	=	
21	1	$\alpha \to AR$		54	R/S	(AR) = A
22	sin			55	RCL	$a \to AR$
23	=			56	4	
24	STO	$q \to R_7$		57	+	
25	7			58	RCL	$b \to AR$
26	×	Berechnung		59	5	Berechnung
27	RCL	von b		60	+	von U
28	2	$\beta \to AR$		61	RCL	$c \to AR$
29	sin			62	6	
30	=			63	=	
31	STO	$b \to R_5$		64	GTO	Sprung auf
32	5			65	1	PSS 16
				66	6	

Diesem Programm fügen wir eine Anleitung hinzu, aus der hervorgeht, was der Benutzer
nach der Eingabe des Programms in den Rechner zu beachten hat. Diejenigen Leser, die
sich selbst eine Programmbibliothek aufbauen wollen, sollten jedes Programm nur mit
einer dazugehörenden **Benutzeranleitung** aufbewahren. Erfahrungsgemäß vergißt man
nach einiger Zeit die Einzelheiten des Programms und weiß z.B. nicht mehr genau, in
welcher Reihenfolge gegebene Werte eingetastet oder gesuchte Werte angezeigt werden.
Für viele Aufgaben ist auch die Kenntnis des Speicherplans wichtig, deshalb nehmen wir
diesen ebenfalls mit in unsere Anleitungsvorschrift hinein.

Folgende Punkte werden wir stets bei der Zusammenstellung einer Benutzeranleitung
beachten:

1. Das Programm wird nach der Vorschrift 2.2 eingegeben.
2. Striche in der Eingabe- oder Anzeigespalte bedeuten, daß keine Eingabe erfolgt oder
   der angezeigte Wert im AR ohne Bedeutung ist.
3. Im Speicherplan nicht aufgeführte Speicher sind nicht belegt, stehen also für evtl.
   Programmerweiterungen zur Verfügung.

Für unser obiges Beispiel geben wir die *Benutzeranleitung:*

Berechnung eines Dreiecks aus α, β, a

1. Programm eintasten.
2. Vor der Durchführung der Rechnung mit neuen
   Werten α und β ist das BAR mit $\boxed{\text{RST}}$ auf 00 zu stellen.

Speicherplan		Eingabe	Taste	Anzeige
1	α	α	R/S	–
2	β	β	R/S	γ
3	γ	a	R/S	b
4	a	–	R/S	c
5	b	–	R/S	A
6	c	–	R/S	U
7	q	a	R/S	b
		…	usw.	…

Die Ergebnisse der Rechnung sind in der folgenden Tabelle zusammengestellt (mit $\boxed{\text{*fix}}$ 1):

Dreiecksberechnungen:	$\alpha = 47,5°$,	$\beta = 62,8°$,	$\gamma = (R_3) = 69,7°$	
a in cm	13,5	18,2	21,4	27,8	32,0
b in cm	16,3	22,0	25,8	33,5	38,6
c in cm	17,2	23,2	27,2	35,4	40,7
A in cm^2	103,1	187,4	259,1	437,2	579,3
U in cm	47,0	63,3	74,4	96,7	111,3

In dem folgenden Beispiel sollen neben der Sprunganweisung auch ‚Umordnungsprobleme'
geübt werden. Der Programmierer muß bei iterativen Rechnungen dafür sorgen, daß der
Rechner gewisse Größen in den richtigen Speichern zur Verarbeitung vorfindet und nach
Abschluß eines Iterationsschrittes die alten und neu berechneten Werte wieder in die
richtigen Speicher bringt.

Beispiel: Sind von einer quadratischen Funktion

$$y = a\,x^2 + b\,x + c$$

drei Funktionswerte y_1, y_2, y_3
an den äquidistanten Stellen x_1,
$x_2 = x_1 + h$, $x_3 = x_2 + h$
(s. Bild 2.4.2) bekannt, so kann
der Funktionswert y_4 an der
Stelle $x_4 = x_3 + h$ nach der
Formel

$$y_4 = y_1 - 3\,y_2 + 3\,y_3$$

berechnet werden.[1]

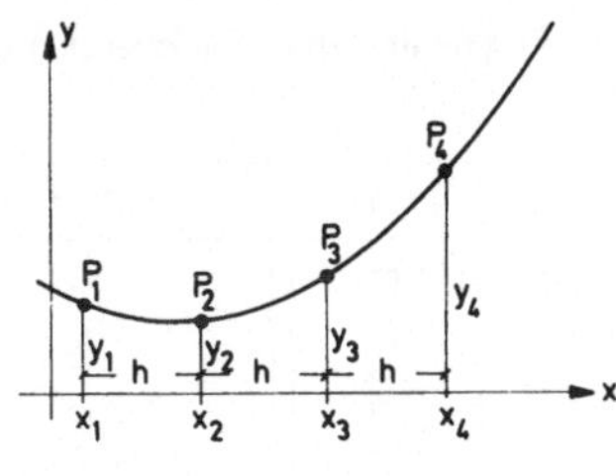

Bild 2.4.2

Sind z. B. y_1, y_2, y_3 gemessen worden, so lassen sich
die weiteren Funktionswerte y_4, y_5, ... an äquidistanten Stellen x_4, x_5, ... berechnen, ohne daß erst
die Funktionsgleichung aufgestellt zu werden braucht.
Wir wollen ein Programm schreiben, das uns die zugehörigen Werte x und y berechnet und nacheinander
anzeigt.

Wir entwickeln das *Flußdiagramm* und erinnern vorher
noch einmal an die Ergibtanweisung (s. 2.3). Es bedeutet

$y_1 := y_2$:   Der Wert y_1 wird ersetzt durch y_2,
oder: y_2 wird in *den* Speicher gebracht, in dem
            sich bisher y_1 befand.

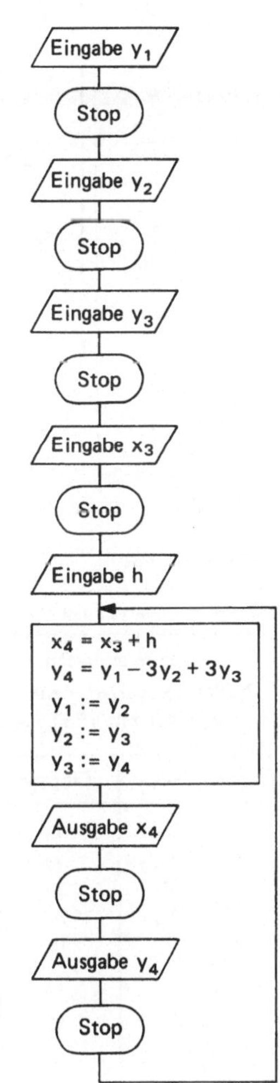

---

[1] Für mathematisch Interessierte: Versuchen Sie, diese
einfache Formel zur Berechnung von y_4 aus den vorhergehenden Funktionswerten y_1, y_2, y_3 allgemein zu
beweisen.

Das Programm lautet (Speicherplan s. Benutzeranleitung):

PSS	Taste	Bemerkungen
00	STO	$y_1 \rightarrow R_1$
01	1	
02	R/S	
03	STO	$y_2 \rightarrow R_2$
04	2	
05	R/S	
06	STO	$y_3 \rightarrow R_3$
07	3	
08	R/S	
09	STO	$x_3 \rightarrow R_4$
10	4	
11	R/S	
12	STO	$h \rightarrow R_5$
13	5	
14	RCL	$x_4 = x_3 + h \rightarrow R_4$
15	5	
16	SUM	
17	4	
18	RCL	$y_1 \rightarrow AR$
19	1	
20	−	
21	3	
22	×	

PSS	Taste	Bemerkungen
23	RCL	$y_2 \rightarrow AR$
24	2	
25	STO	$y_2 \rightarrow R_1$
26	1	
27	+	
28	3	
29	×	
30	RCL	$y_3 \rightarrow AR$
31	3	
32	STO	$y_3 \rightarrow R_2$
33	2	
34	=	$(AR) = y_4$
35	STO	$y_4 \rightarrow R_3$
36	3	
37	RCL	$(AR) = x_4$
38	4	
39	R/S	
40	RCL	$y_4 \rightarrow AR$
41	3	
42	R/S	
43	GTO	Sprung auf PSS 14
44	1	
45	4	

Benutzeranleitung:

Funktionswerte einer Parabel

1. Programm eintasten.
2. Vor der Eingabe neuer Werte y_1, y_2, y_3, x_3, h das BAR mit RST auf 00 stellen.

Speicherplan		Eingabe	Taste	Anzeige
1	y_1	y_1	R/S	−
2	y_2	y_2	R/S	−
3	y_3	y_3	R/S	−
4	x_3	x_3	R/S	−
5	h	h	R/S	x_4
		−	R/S	y_4
		−	R/S	x_5
		−	R/S	y_5
		...	usw.	...

Zwei Zahlenbeispiele (die Werte der ersten 3 Spalten sind gegeben):

x	− 1	0	1	2	3	4	5	6	7	8	9	10
y	0,5	0	0,5	2	4,5	8	12,5	18	24,5	32	40,5	50

x	0	0,25	0,5	0,75	1	1,25	1,5	1,75	2
y	2	1,8125	1,75	1,8125	2	2,3125	2,75	3,3125	4

(Die quadratischen Funktionen für die obigen Beispiele lauten: $y = \dfrac{x^2}{2}$ oder $y = x^2 - x + 2$)

2.5. Überprüfen und Korrigieren eines Programms

Jedem, der den Umgang mit einem programmierbaren Rechner lernt (und nicht nur diesem), wird es passieren, daß ein eingegebenes Programm nicht so abläuft, wie es vom Benutzer vorgesehen war. Die häufigste Fehlerquelle wird wahrscheinlich im falschen Aufbau des Programms liegen. Möglich sind aber auch Fehler, die bei der Eingabe gemacht werden.

Um ein eingegebenes Programm zu überprüfen, schalten wir den Rechner aus der Betriebsart RECHNEN mit RST LRN auf die Speicherstelle 00 in der Betriebsart LEARN. Das gespeicherte Programm können wir Schritt für Schritt auf seine Richtigkeit überprüfen.

In der Betriebsart LEARN wird das Befehlsadreßregister durch Betätigen der Taste SST (Single Step) auf die folgende, durch *bst (Back Step) auf die vorhergehende Programmspeicherstelle eingestellt.

Für das gespeicherte Programm des ersten Beispiels in 2.3 erhalten wir auf diese Art:

RST LRN : | 00 52 |

SST : | 01 01 |

SST : | 02 84 |

*bst : | 01 01 | usw.

So können wir mit Hilfe der Tastenkode-Tabelle (Anhang 8.1) feststellen, ob das eingegebene mit unserem aufgestellten Programm übereinstimmt. Eventuelle Fehler können dann korrigiert werden, wie wir weiter unten sehen werden.

Die Taste *bst wird sehr häufig auch unmittelbar bei der Eingabe eines Programms benutzt, um festzustellen, welche Taste als letzte gedrückt wurde. Bei unserem Beispiel aus 2.3 würde bei der Eingabe nach dem Programmschritt 06 (Betätigen von)) im Sichtfenster | 07 00 | erscheinen. Hieraus ist nicht mehr zu erkennen, welche Anweisung als letzte eingegeben wurde. Um zu kontrollieren, ob auch wirklich) eingetastet wurde, stellen wir das Befehlsadreßregister mit *bst zurück und erhalten (bei richtiger Eingabe) | 06 53 |.

Wenn wir die Vermutung haben, daß bei einem gespeicherten Programm z. B. im Programmschritt 47 eine Anweisung nicht korrekt ist, so wäre es natürlich sehr mühsam, von 00 mit SST bis 47 zu kommen. Hier hilft uns die folgende Eigenschaft der Taste GTO :

Aus der Betriebsart RECHNEN wird durch die Tastenfolge GTO n m LRN das Befehlsadreßregister auf die PSS n m in der Betriebsart LEARN eingestellt.

(Aber aufpassen: In der Betriebsart LEARN zerstören Sie, jedenfalls teilweise, mit der Tastenfolge |GTO| n m |LRN| Ihr Programm.)

Beseitigung von Eingabefehlern:

1. Nehmen wir an, in Ihrem (bereits gespeicherten) Programm sollte im Programmschritt 47 die Taste |÷| gedrückt worden sein, Sie vermuten aber aufgrund der ausgegebenen Ergebnisse dort einen Fehler. Sie betätigen

|GTO| 47 |LRN| und lesen die Anzeige   47 64

Sie haben also bei der Eingabe aus Versehen die Taste |x| (Kode 64) statt |÷| (Kode 54) betätigt. In diesem Fall brauchen Sie nur bei obiger Befehlsadreßregistereinstellung die richtige Taste |÷| zu drücken. Die alte (hier: falsche) Eingabe wird dann durch die neue (hier: richtige) Eingabe überschrieben. Von der auf die PSS 48 vorgerückten Anzeige schalten Sie zurück mit |*bst| und kontrollieren die Anzeige   47 54 auf Ihre Richtigkeit.

2. Bei einem Programm mögen die richtigen Programmschritte 46 bis 50 (s. Programm Dreiecksberechnung in 2.4) wie unten links aussehen. Kontrolle des Programms ergibt dazu im Sichtfenster die Folge unten rechts.

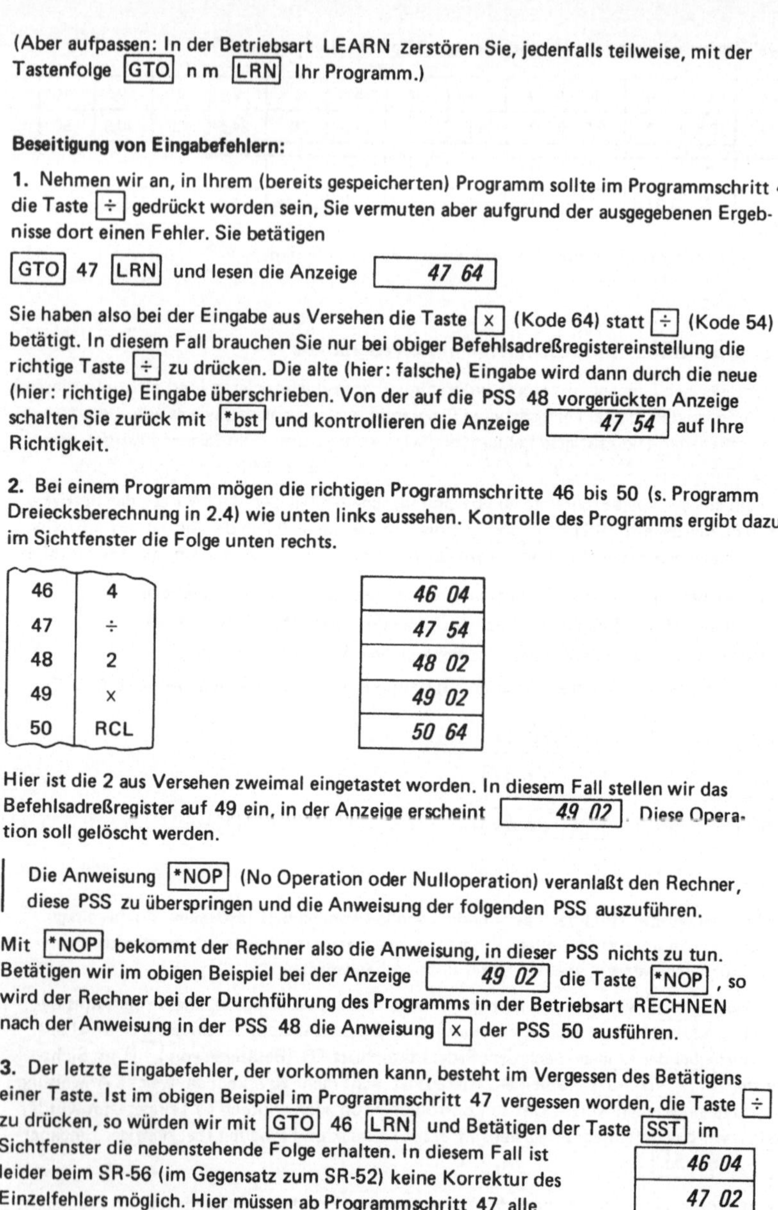

46	4
47	÷
48	2
49	x
50	RCL

46 04
47 54
48 02
49 02
50 64

Hier ist die 2 aus Versehen zweimal eingetastet worden. In diesem Fall stellen wir das Befehlsadreßregister auf 49 ein, in der Anzeige erscheint   49 02 . Diese Operation soll gelöscht werden.

Die Anweisung |*NOP| (No Operation oder Nulloperation) veranlaßt den Rechner, diese PSS zu überspringen und die Anweisung der folgenden PSS auszuführen.

Mit |*NOP| bekommt der Rechner also die Anweisung, in dieser PSS nichts zu tun. Betätigen wir im obigen Beispiel bei der Anzeige   49 02 die Taste |*NOP| , so wird der Rechner bei der Durchführung des Programms in der Betriebsart RECHNEN nach der Anweisung in der PSS 48 die Anweisung |x| der PSS 50 ausführen.

3. Der letzte Eingabefehler, der vorkommen kann, besteht im Vergessen des Betätigens einer Taste. Ist im obigen Beispiel im Programmschritt 47 vergessen worden, die Taste |÷| zu drücken, so würden wir mit |GTO| 46 |LRN| und Betätigen der Taste |SST| im Sichtfenster die nebenstehende Folge erhalten. In diesem Fall ist leider beim SR-56 (im Gegensatz zum SR-52) keine Korrektur des Einzelfehlers möglich. Hier müssen ab Programmschritt 47 alle weiteren Eingaben neu eingetastet werden. Um diese Korrekturarbeit möglichst gering zu halten, können wir in unserem Programm bereits bei der Eingabe in gewissen Abständen die |*NOP| Taste betätigen und später in die dazu benutzte Speicherstelle, in der ja keine Anweisung ausgeführt wird, gegebenenfalls die ausgelassene Anweisung geben. Hätten wir z.B. bei unserem betrachteten Programm

46 04
47 02
48 64

vorsorglich in die Speicherstellen 10, 20, 30, 40, 50 usw. $\boxed{*NOP}$ gegeben, so würde das AR (allerdings mit verschobener Numerierung) für das falsche Programm folgendermaßen (unten links) aussehen:

46 04		46 04
47 02		47 54
48 64		48 02
49 34		49 64
50 46		50 34
51 02		51 02

Bei der Korrektur stellen wir in der Betriebsart RECHNEN das Befehlsadreßregister mit $\boxed{GTO}$ 47 $\boxed{LRN}$ auf die PSS 47 ein und geben dann die Tastenfolge $\boxed{\div}$ 2 $\boxed{\times}$ $\boxed{RC}$ ein. Dadurch wird das Programm bis Programmschritt 50 neu eingetastet (oben rechts). Ab PSS 51 wird das bisherige Programm wieder übernommen. Die Anweisung $\boxed{*NOP}$ (Kode 46) ist an der Speicherstelle 50 aus dem Programm verschwunden.

Eine weitere Bemerkung zur Taste $\boxed{SST}$

Haben wir dem Rechner ein Programm eingegeben und wieder in die Betriebsart RECHNEN geschaltet, so kann die Ausführung dieses Programms schrittweise verfolgt werden.

> Mit der Taste $\boxed{SST}$ wird in der Betriebsart RECHNEN jede Anweisung des Programms einzeln durchgeführt.

Geben Sie das kurze Programm aus 2.3 in Ihren Rechner. Sehen Sie sich das Sichtfenster an, wenn Sie wiederholt die Taste $\boxed{SST}$ betätigen. Sie erhalten die nebenstehende Anzeigenfolge. An der PSS 08 $\boxed{R/S}$ geben Sie 2 ein.

Diese Eigenschaft der Taste $\boxed{SST}$ wird vorwiegend zum Aufsuchen von Fehlerquellen in einem Programm benutzt.

0.
1
1.
3.141592654
3.141592654
4
1.785398163
1.785398163
2
2
4.
7.141592654

2.6. Programmbeispiele

Im II. Teil dieses Buches werden wir Programmbeispiele aus verschiedenen Gebieten der Mathematik und Technik bringen. Damit aber das unmittelbar Gelernte der Programmiertechnik geübt und gefestigt wird, sollen bereits hier einige weitere Beispiele gebracht werden.

Beispiel 1: Die Quadratwurzel $x = \sqrt{a}$ ist nach der Iterationsvorschrift (s. 1.3)

$$x_n = \frac{1}{2}\left(x_{n-1} + \frac{a}{x_{n-1}}\right) \quad \text{für} \quad n \in \mathbb{N}$$

zu berechnen.

Im *Flußdiagramm* setzen wir $x_{n-1} = x_0$ und $x_n = x_1$ (unten links). Danach stellen wir mit $a \rightarrow R_1$ und $x_0 \rightarrow R_2$ das Programm (unten rechts) auf. (Auf die früher angefügten Bemerkungen verzichten wir in diesem Abschnitt.)

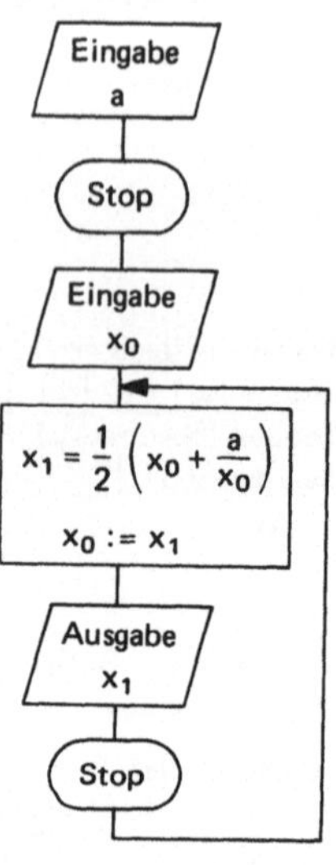

PSS	Taste
00	STO
01	1
02	R/S
03	STO
04	2
05	+
06	RCL
07	1
08	÷
09	RCL
10	2
11	=
12	÷
13	2
14	=
15	R/S
16	GTO
17	0
18	3

Benutzeranleitung:

Quadratwurzelberechnung $x = \sqrt{a}$

1. Programm eintasten.
2. Vor der Durchführung der Iteration für einen neuen Wert a das BAR mit $\boxed{\text{RST}}$ auf 00 stellen.

Speicherplan		Eingabe	Taste	Anzeige
1	a	a	R/S	—
2	x_0	x_0	R/S	x_1
		—	R/S	x_2
		…	usw.	…

Führen Sie die Rechnung durch für $a = 14{,}256$ mit $x_0 = 3$. Sie erhalten die Folge:

$3{,}876$; $3{,}777009288$; $3{,}775712075$; $3{,}775711853$; $3{,}775711853$; …

Wählen Sie einen anderen Ausgangswert x_0, und führen Sie mit diesem die Rechnung durch. Sie kommen stets auf $3{,}775711853$, d.h. die durch die Iterationsvorschrift festgelegte Folge ist für jeden Wert x_0 konvergent. Natürlich kann die Anzahl der Iterationsschritte — und damit der Zeitaufwand — sehr groß werden. Wählen Sie z.B. $x_0 = 500\,000\,000$ oder $x_0 = 0{,}0001$.

Beispiel 2: Berechnung von Flächenwerten.

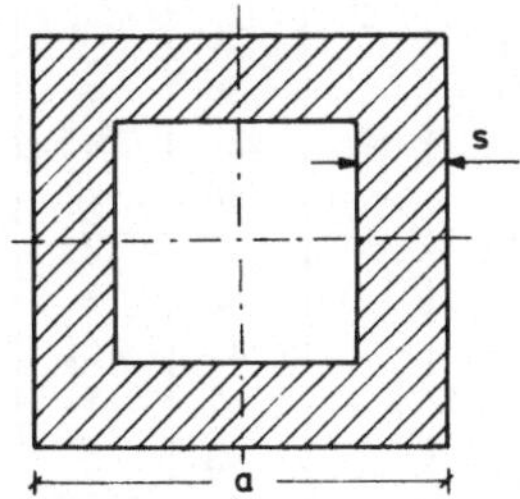

Bild 2.6.1

Für einen Träger mit quadratischem Rohrquerschnitt (s. Bild 2.6.1) sind für Festigkeitsberechnungen die folgenden Größen wichtig:

Flächeninhalt

$$A = a^2 - (a - 2s)^2 = 4s\,(a - s)$$

Flächenträgheitsmoment

$$I = \frac{1}{12}\,a^4 - (a - 2s)^4 = \frac{A}{12}\,[a^2 + (a - 2s)^2]$$

Widerstandsmoment

$$W = \frac{I}{a/2} = \frac{2I}{a}$$

Wir wollen die Berechnung dieser Größen für handelsübliche Abmessungen durchführen:

a = 35 mm;	s = 1,25;	1,5;	1,75;	2;	2,25;	2,5	mm
a = 40 mm;	s = 1,5;	2;	2,5				mm
a = 50 mm;	s = 2;	2,5;	3;	3,5;	4		mm

Die Ergebnisse A in cm^2, I in cm^4 und W in cm^3 sollen auf 2 Nachkommastellen ausgegeben werden.

Im *Flußdiagramm* wird nach der Durchführung der Rechnung für ein Zahlenpaar a, s auf die Eingabestelle für s zurückgegangen. Soll auch ein neuer Wert a eingegeben werden, so stellen wir manuell mit [RST] (im Flußdiagramm gestrichelte Linie) das Befehlsadreßregister auf 00.

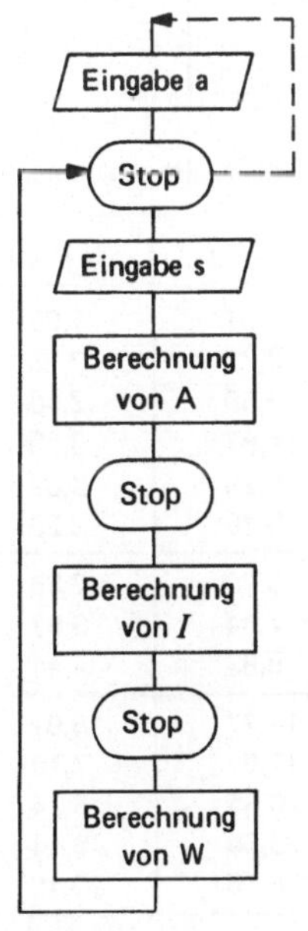

Das Programm lautet:

PSS	Taste	PSS	Taste	PSS	Taste	PSS	Taste
00	STO	11	–	23	1	35	x^2
01	1	12	RCL	24	x^2	36	=
02	R/S	13	2	25	+	37	R/S
03	STO	14	)	26	(	38	x
04	2	15	=	27	RCL	39	2
05	x	16	R/S	28	1	40	÷
06	4	17	÷	29	–	41	RCL
07	x	18	1	30	2	42	1
08	(	19	2	31	x	43	=
09	RCL	20	x	32	RCL	44	GTO
10	1	21	(	33	2	45	0
		22	RCL	34	)	46	2

Benutzeranleitung:

Berechnung von Flächenwerten			
1. Programm eintasten.			
2. Vor der Eingabe eines neuen Wertes a mit RST das BAR auf 00 stellen.			
Speicherplan		Eingabe	Taste	Anzeige

Speicherplan		Eingabe	Taste	Anzeige
1	a	a	R/S	–
2	s	s	R/S	A
		–	R/S	I
		–	R/S	W
		s	R/S	A
		…	usw.	…

Die Ergebnisse der Rechnung sind in der folgenden Tabelle zusammengestellt:

a in mm	s in mm	A in cm^2	I in cm^4	W in cm^3
35	1,25	1,69	3,21	1,83
	1,5	2,01	3,77	2,15
	1,75	2,33	4,30	2,46
	2	2,64	4,81	2,75
	2,25	2,95	5,29	3,03
	2,5	3,25	5,76	3,29
40	1,5	2,31	5,72	2,86
	2	3,04	7,34	3,67
	2,5	3,75	8,83	4,41
50	2	3,84	14,77	5,91
	2,5	4,75	17,91	7,16
	3	5,64	20,85	8,34
	3,5	6,51	23,59	9,44
	4	7,36	26,15	10,46

2.7. Übungsaufgaben

2.1. Schreiben Sie ein Programm zur Berechnung der Flächenwerte eines kreisförmigen Querschnitts:

Flächeninhalt $\qquad A = \dfrac{\pi}{4}\, d^2$

Widerstandsmoment $\qquad W = \dfrac{\pi}{32}\, d^3$

Flächenträgheitsmoment $\quad I = \dfrac{\pi}{64}\, d^4$

(Beachten Sie, daß W und I über d mit A zusammenhängen. Sie sparen sich dadurch einige Programmschritte!)

Führen Sie die Rechnung durch für

$d = 20;\quad 25;\quad 30;\quad 35;\quad 40;\quad 45;\quad 50$ mm

2.2. Von einem Dreieck sind gegeben: $a = 56{,}4$ cm; $b = 38{,}2$ cm;

$\gamma = 17{,}8°;\quad 48{,}9°;\quad 81{,}0°;\quad 104{,}7°;\quad 126{,}5°;\quad 146{,}1°$

Berechnen Sie mit einem Programm die Seite c nach dem Cosinussatz:

$$c^2 = a^2 + b^2 - 2ab\cos\gamma$$

2.3. Die 3. Wurzel aus einer Zahl a läßt sich iterativ nach der Vorschrift

$$x_n = \frac{1}{3}\left(2\,x_{n-1} + \frac{a}{x_{n-1}^2}\right) \quad \text{mit}\quad n \in \mathbb{N}$$

berechnen. Stellen Sie hierfür ein Programm auf, und berechnen Sie insbesondere $\sqrt[3]{6{,}42}$ und $\sqrt[3]{-0{,}0386}$. Vergleichen Sie Ihre iterativ berechneten Werte mit den über die Taste $\boxed{\,\sqrt[x]{y}\,}$ angezeigten Werten.

Zusatz: Untersuchen Sie die Folge

$$x_n = \frac{1}{2}\left(x_{n-1} + \frac{a}{x_{n-1}^2}\right) \quad \text{oder}\quad x_n = \frac{1}{4}\left(x_{n-1} + \frac{3a}{x_{n-1}^2}\right),$$

indem Sie mit einem Programm hinreichend viele Glieder berechnen.

2.4. Werden zu Beginn eines jeden Jahres r DM auf ein Sparkonto gezahlt, so beträgt bei einem jährlichen Zinssatz p das Kapital Ende des n-ten Jahres

$$K_n = rq\,\frac{q^n - 1}{q - 1} \quad \text{mit}\quad q = 1 + p \quad \text{(Aufzinsungsfaktor)}.$$

Berechnen Sie K_n mit Hilfe eines Programms für $r = 1000.-$ DM für die folgenden Werte:

p	5,0; 5,25; 5,5; 5,75; 6,0; 6,25; 6,5 %
n	4; 5; 6; 7; 8 Jahre

2.5. Stellen Sie ein Programm auf zur Berechnung der reellen Lösungen der quadratischen Gleichung $a\,x^2 + b\,x + c = 0$.

Zahlenbeispiel:

a	1	3	0,52	1	9,41
b	−1	−7	2,71	−31,26	0,432
c	−6	2	0,86	112,4	−0,0316

$$\left(\text{Die Lösungsformel lautet } x_{1,2} = \frac{-b \pm \sqrt{b^2 - 4\,ac}}{2\,a}\right)$$

2.6. Für die Auslenkung einer gedämpften Schwingung gilt

$$y = A \cdot e^{-\delta t} \cdot \sin \omega t$$

Berechnen Sie für $A = 25\,\text{mm}$, $\delta = 0{,}2\,\dfrac{1}{\text{s}}$ (Dämpfungsfaktor), $\omega = \dfrac{\pi}{2}\dfrac{1}{\text{s}}$ (Kreisfrequenz = Anzahl der Schwingungen in 2π Sekunden) und

$$t = 0;\ \ 0{,}5;\ \ 1;\ \ 1{,}5;\ \ 2;\ \ \ldots\ \ 7{,}5;\ \ 8\ \ \text{s}$$

die Funktionswerte y, und zeichnen Sie die Schwingung in einem t,y-Koordinatensystem als Kurve.

2.7. Untersuchen Sie, was mit dem folgenden Programm berechnet wird.

PSS	Taste
00	STO
01	1
02	+
03	(
04	R/S
05	STO
06	2

07	x^2
08	+
09	1
10	)
11	$*\sqrt{x}$
12	−
13	2
14	$\times$

15	RCL
16	1
17	$\times$
18	RCL
19	2
20	$\div$
21	(
22	RCL

23	1
24	+
25	RCL
26	2
27	)
28	=
29	R/S
30	RST

(Nennen Sie $(R_1) = a$ und $(R_2) = b$)

3. Verzweigungen (bedingte Sprunganweisungen)

3.1. Das Flußdiagramm für Verzweigungen

Programmierbare Taschenrechner besitzen die Fähigkeit, einen **Vergleich** zwischen zwei Zahlenwerten durchzuführen. Sie können z.B. entscheiden, ob entweder $x \geq 2$ oder $x < 2$ ist. Vom Ergebnis dieses Vergleichs wird die Fortsetzung des Rechenganges abhängen: *Wenn* $x \geq 2$ ist, *dann* wird die Anweisung A_1 ausgeführt, *sonst* eine andere Anweisung A_2. Im Programmablauf können damit Sprünge durchgeführt werden, die von Bedingungen abhängen. Wir nennen sie daher **bedingte** Sprünge im Gegensatz zu den bereits früher kennengelernten *unbedingten* Sprüngen, die durch die Anweisungen GTO oder RST bewirkt werden.

Bevor wir auf die Programmierung bedingter Sprünge oder Verzweigungen eingehen, wollen wir vorher an zwei Beispielen das Flußdiagramm für solche Probleme entwickeln. Wir benutzen für einen Vergleich V das Symbol

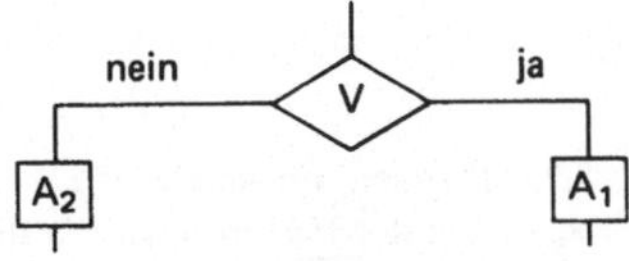

Fällt der Vergleich positiv aus, so wird die Anweisung A_1 ausgeführt, sonst A_2.

Beispiel: Von den in Bild 3.1.1 dargestellten Funktionen

$$y_1 = \frac{x^2}{4} + \sqrt{1+x} \quad \text{und} \quad y_2 = 4\,(1 - e^{-x})$$

sollen für einen gegebenen Wert
$x \geq -1$ die Funktionswerte
berechnet werden. Von diesen
beiden Werten y_1 und y_2 ist der
größere — wir nennen ihn
$y_{max} = \text{Max}\,(y_1;\,y_2)$ — heraus-
zusuchen und anzuzeigen.

Zum Beispiel sind $y_1 = 1$ und
$y_2 = 0$ für $x = 0$, also
$y_{max} = \text{Max}\,(1;\,0) = 1$.

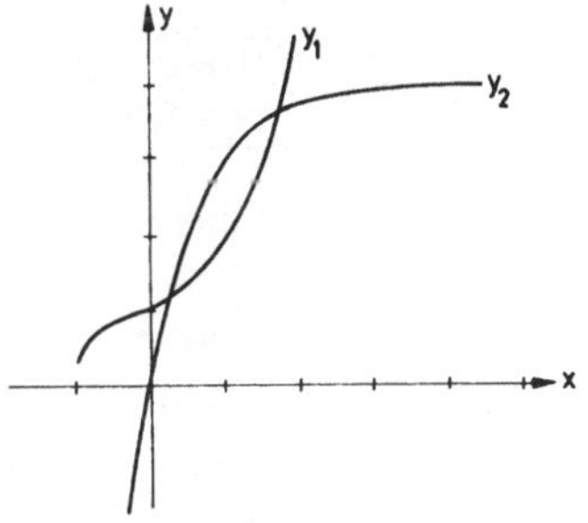

Bild 3.1.1

Flußdiagramm:

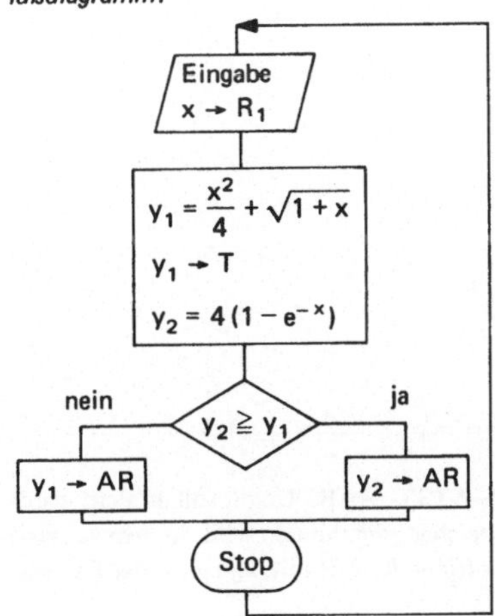

Die in diesem und dem folgenden Flußdiagramm benutzte Speicherung → T wird im nächsten Abschnitt erklärt.

Beispiel: Quadratwurzelberechnung $x = \sqrt{a}$ durch Iteration:

$$x_n = \frac{1}{2}\left(x_{n-1} + \frac{a}{x_{n-1}}\right) \quad \text{für} \quad n \in \mathbb{N}$$

Diese Aufgabe haben wir bereits früher (s. 1.3 und 2.6) behandelt. Im Abschnitt 2.6 mußten wir nach jedem berechneten Wert x das Programm mit $\boxed{\text{R/S}}$ manuell neu starten, um $\sqrt{a}$ ‚genau genug' berechnen zu können. Wir wollen jetzt erreichen, daß die Wiederholung der Rechnung selbständig durchgeführt wird und zwar solange, bis der neu berechnete Wert sich vom vorhergehenden um weniger als eine vorgegebene Größe ϵ (z.B. 0,000 001) unterscheidet. Es muß also iteriert werden, bis $|x_n - x_{n-1}| < \epsilon$ erfüllt ist.

Im *Flußdiagramm* setzen wir wie früher $x_{n-1} = x_0$ und $x_n = x_1$.

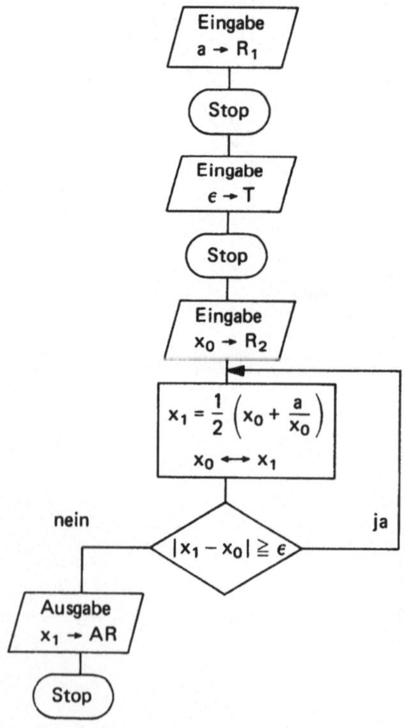

Der Austausch $x_0 \longleftrightarrow x_1$ bedeutet $(AR) \to R_2 \wedge (R_2) \to AR$. Damit soll erreicht werden, daß x_1 im nächsten Iterationsschritt in *dem* Speicher vorgefunden wird, in dem vorher x_0 stand, *und* x_0 dabei nicht verloren geht, wie es früher (s. 2.6) mit $x_0 := x_1$ der Fall war. x_0 benötigen wir hier noch für den Vergleich $|x_1 - x_0| \geqq \epsilon$.

3.2. Der T-Speicher (das T-Register)

Vergleiche zweier Zahlenwerte werden mit Hilfe eines besonderen Speichers (**T-Speicher** oder **T-Register**) durchgeführt.

| $x \gtrless t$ | bewirkt einen Austausch der Inhalte des AR und des T-Speichers: $(AR) \leftrightarrow (T)$. |
| $*CP$ | als Anweisung in einem Programm löscht den T-Speicher. |

$x \gtrless t$ kann sowohl manuell in der Betriebsart RECHNEN als auch als Anweisung in einem Programm benutzt werden. Zur Erinnerung: $*CP$ in der Betriebsart RECHNEN löscht alle Programmspeicher.

Mit den Zahlenwerten $x = (AR)$ und $t = (T)$ können die folgenden Vergleiche durchgeführt werden:

Ist $x = t$?   Ist $x \neq t$?

Ist $x \geq t$?   Ist $x < t$?

Die entsprechenden Anweisungen lauten:

| $*x = t$ n m | | INV | $*x = t$ n m |
| $*x \geq t$ n m | | INV | $*x \geq t$ n m |

Wird der Vergleich positiv beantwortet, so wird das Programm mit *der* Anweisung fortgesetzt, die in der PSS n m steht. Andernfalls wird im Programm n m übergangen und die nächste Anweisung ausgeführt. Die obigen Anweisungen dürfen in unvollständige Operationen gesetzt werden.

Beispiel: Wir stellen das Programm für das 1. Beispiel aus 3.1 nach dem Flußdiagramm auf:

PSS	Taste	Bemerkungen
00	STO	$x \to R_1$
01	1	
02	+	
03	1	
04	=	
05	$*\sqrt{x}$	Berechnung von y_1
06	+	
07	RCL	
08	1	
09	x^2	
10	÷	
11	4	
12	=	
13	$x \gtrless t$	$y_1 \to T$
14	4	

PSS	Taste	Bemerkungen
15	x	
16	(	
17	1	
18	–	
19	RCL	Berechnung von y_2
20	1	
21	+/–	
22	e^x	
23	)	
24	=	
25	$*x \geq t$	Ist $y_2 \geq y_1$?
26	2	Sprung auf PSS 29,
27	9	falls $y_2 \geq y_1$, sonst
28	$x \gtrless t$	$y_1 = (T) \to AR$
29	R/S	
30	RST	

Benutzeranleitung:

Maximum zweier Funktionswerte y_1 und y_2			
Programm eintasten.			
Speicherplan	Eingabe	Taste	Anzeige
T y 1 x	x x ...	R/S R/S usw.	y_{max} y_{max} ...

Zahlenbeispiel (Angabe auf 3 Nachkommastellen):

x	0	-1	1	2	3	4
y_{max}	1,000	0,250	2,528	3,459	4,250	6,236

Beispiel: Das Programm zur Berechnung der Quadratwurzel (2. Beispiel aus 3.1) auf eine vorgegebene Genauigkeit ϵ sieht folgendermaßen aus:

PSS	Taste	Bemerkungen	PSS	Taste	Bemerkungen
00	STO	$a \to R_1$	17	2	
01	1		18	=	
02	R/S	Eingabe ϵ	19	*pause	
03	x ⇄ t	$\epsilon \to T$	20	*EXC	$x_1 \to R_2 \wedge x_0 \to AR$
04	R/S	Eingabe x_0	21	2	
05	STO	$x_0 \to R_2$	22	–	
06	2		23	RCL	Berechnung
07	RCL	$x_0 \to AR$	24	2	von $|x_1 - x_0|$
08	2		25	=	
09	+		26	*|x|	
10	RCL		27	*x ≥ t	$|x_1 - x_0| \geq \epsilon$?
11	1	Berechnung	28	0	Sprung auf PSS 07,
12	÷	von x_1	29	7	falls $|x_1 - x_0| \geq \epsilon$,
13	RCL		30	RCL	sonst
14	2		31	2	$\sqrt{a} = x \to AR$
15	=		32	R/S	
16	÷		33	RST	

In der PSS 19 haben wir die Anweisung $\boxed{\text{*pause}}$ benutzt. Der Rechner zeigt dann einen kurzen Augenblick den im AR stehenden Zahlenwert an. Auf diese Weise können wir die Zahlenwerte der Iterationsfolge $x_1, x_2, x_3, \ldots$ ‚beobachten'.

Benutzeranleitung:

Quadratwurzelberechnung $x = \sqrt{a}$			
1. Programm eintasten.			
2. Die Iteration wird abgebrochen, wenn $\lvert x_n - x_{n-1} \rvert < \epsilon$ geworden ist.			

Speicherplan		Eingabe	Taste	Anzeige
T	ϵ	a	R/S	—
1	a	ϵ	R/S	—
2	x_0	x_0	R/S	$\sqrt{a}$

Führen Sie selbst mit diesem Programm die Berechnung von $\sqrt{14{,}256}$ für verschiedene Ausgangswerte x_0 und Genauigkeiten ϵ durch. Berechnen Sie auch andere Quadratwurzeln mit dem gespeicherten Programm.

3.3. Mehrfache Verzweigungen

Wie Programme mit mehr als einer Verzweigung aufgebaut werden, zeigen wir am besten an zwei Beispielen. Der Leser wird schnell erkennen: Je genauer ein Flußdiagramm erstellt wird, um so leichter und sicherer läßt sich das Programm schreiben. Besonders der Anfänger im Programmieren sollte großen Wert auf ein ausführliches und exaktes Flußdiagramm legen. Mit zunehmender Programmiererfahrung wird dieses ganz von allein immer spärlicher ausfallen.

Beispiel: Eine Bank bietet ihren Sparern für ein eingezahltes Kapital K_0:

im 1. Jahr	$p_1 = 4{,}25\,\%$	Zinsen,
im 2. Jahr	$p_2 = 5{,}00\,\%$	Zinsen,
im 3. Jahr	$p_3 = 6{,}50\,\%$	Zinsen,
im 4. Jahr	$p_4 = 7{,}50\,\%$	Zinsen,
im 5. Jahr	$p_5 = 8{,}50\,\%$	Zinsen.

Mit einem Programm sollen für K_0 nach $n \in \mathbb{N}_5$ Jahren das Kapital K_n und der mittlere Zinssatz p (die Rendite) ausgerechnet werden. Bei einer Eingabe eines nicht zulässigen n-Wertes ($n \notin \mathbb{N}_5$) soll dieses durch Blinken (z.B. Division durch Null) angezeigt werden.

Es gilt: $K_n = K_{n-1} \cdot (1 + p_n) = K_{n-1} \cdot q_n = K_{n-2} \cdot q_{n-1} \cdot q_n = \ldots = K_0 \cdot q_1 \cdot q_2 \cdot \ldots \cdot q_n$.

Wir setzen $q := q_1$, $q := q \cdot q_2$, ..., $q := q \cdot q_n$ und berechnen $K_n = K_0 \cdot q$ und $p = (\sqrt[n]{q} - 1) \cdot 100$.

Die Aufzinsungsfaktoren q_n speichern wir manuell: $q_n \to R_n$

Flußdiagramm (Speicherplan s. Benutzeranleitung):

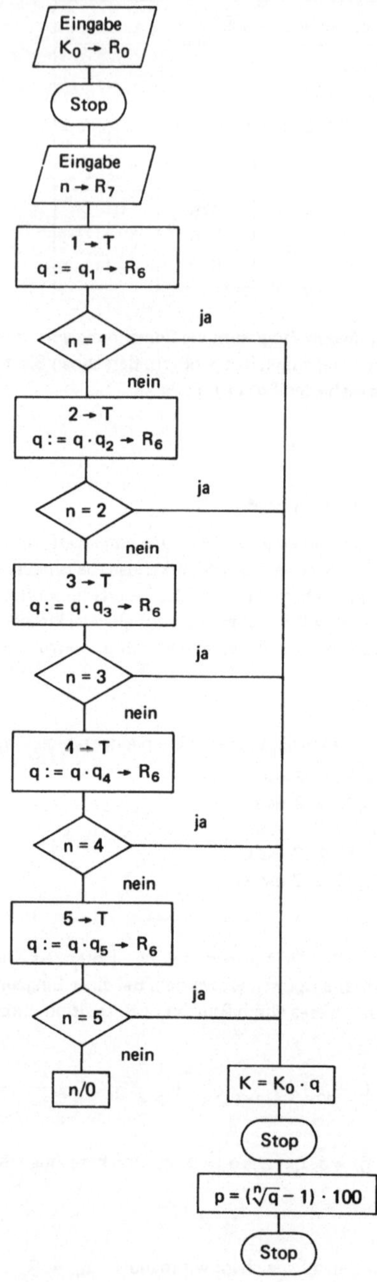

Eingabe
$K_0 \rightarrow R_0$
Stop
Eingabe
$n \rightarrow R_7$
$1 \rightarrow T$
$q := q_1 \rightarrow R_6$
$n = 1$
ja
nein
$2 \rightarrow T$
$q := q \cdot q_2 \rightarrow R_6$
$n = 2$
ja
nein
$3 \rightarrow T$
$q := q \cdot q_3 \rightarrow R_6$
$n = 3$
ja
nein
$4 \rightarrow T$
$q := q \cdot q_4 \rightarrow R_6$
$n = 4$
ja
nein
$5 \rightarrow T$
$q := q \cdot q_5 \rightarrow R_6$
$n = 5$
ja
nein
n/0
$K = K_0 \cdot q$
Stop
$p = (\sqrt[n]{q} - 1) \cdot 100$
Stop

Das Programm lautet:

PSS	Taste	PSS	Taste	PSS	Taste	PSS	Taste
00	STO	21	6	43	6	65	×
01	0	22	RCL	44	RCL	66	RCL
02	R/S	23	7	45	7	67	6
03	STO	24	*x = t	46	*x = t	68	=
04	7	25	6	47	6	69	R/S
05	1	26	3	48	3	70	RCL
06	x ⇄ t	27	3	49	5	71	6
07	RCL	28	x ⇄ t	50	x ⇄ t	72	*$\sqrt[x]{y}$
08	1	29	RCL	51	RCL	73	RCL
09	STO	30	3	52	5	74	7
10	6	31	*PROD	53	*PROD	75	−
11	RCL	32	6	54	6	76	1
12	7	33	RCL	55	RCL	77	=
13	*x = t	34	7	56	7	78	×
14	6	35	*x = t	57	*x = t	79	1
15	3	36	6	58	6	80	0
16	2	37	3	59	3	81	0
17	x ⇄ t	38	4	60	÷	82	=
18	RCL	39	x ⇄ t	61	0	83	R/S
19	2	40	RCL	62	=	84	RST
20	*PROD	41	4	63	RCL		
		42	*PROD	64	0		

Benutzeranleitung:

Anwachsen eines Kapitals und Rendite			
1. Programm eintasten.			
2. q_n manuell nach Speicherplan eingeben.			
3. $n \in \mathbb{N}_5 = \{1, 2, 3, 4, 5\}$; $n \notin \mathbb{N}_5$ erzeugt Blinken.			

Speicherplan		Eingabe	Taste	Anzeige
T	1, 2 … 5	K_0	R/S	−
1	q_1	n	R/S	K_n
2	q_2	−	R/S	p
3	q_3			
4	q_4			
5	q_5			
6	q			
7	n			

Zahlenbeispiel (mit $\boxed{\ast\text{fix}}$ 2):

$n\downarrow$	$K_0 \rightarrow$	1 000,–	3 500,–	DM
1	K_n	1 042,50	3 648,75	DM
	p	4,25	4,25	%
4	K_n	1 253,21	4 386,23	DM
	p	5,80	5,80	%
5	K_n	1 359,73	4 759,06	DM
	p	6,34	6,34	%
6	K	*Blinken*		
	p			

Beispiel: Für $x \in \{0;\ 0,5;\ 1;\ 1,5;\ 2;\ 2,5;\ 3\}$ sollen die Werte der Funktion

$$y = \begin{cases} 0,4 + \dfrac{x}{2} & \text{für} \quad 0 \leqq x < 1 \\[2mm] 2,5 \cdot e^{\frac{x-1}{3}} & \text{für} \quad 1 \leqq x < 2 \\[2mm] \dfrac{15}{1+x^2} & \text{für} \quad 2 \leqq x < \infty, \end{cases}$$

deren Kurve in Bild 3.3.1 gezeichnet ist, und $z = \sqrt{1+y^2}$ berechnet werden. Zum Schluß einer Rechnung sollen nacheinander die zugehörigen x-, y- und z-Werte vom Rechner angezeigt werden.

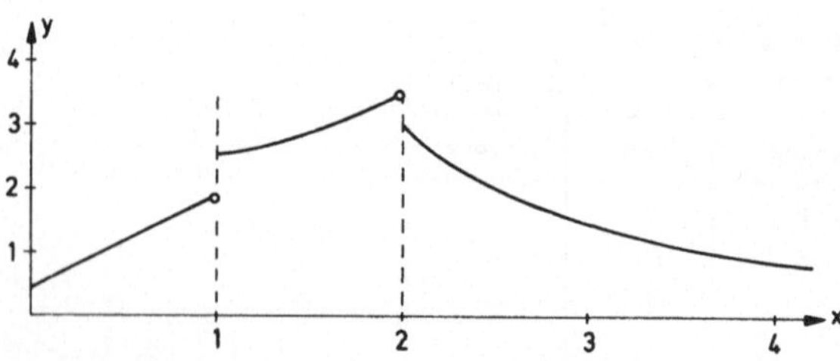

Bild 3.3.1

Im *Flußdiagramm* fassen wir die Ausgabe der x-, y- und z-Werte für alle drei Veränderliche zusammen. Da wir die Rechnung für äquidistante x-Werte durchführen, benutzen wir $x := x + 0,5$ (s. 2.3).

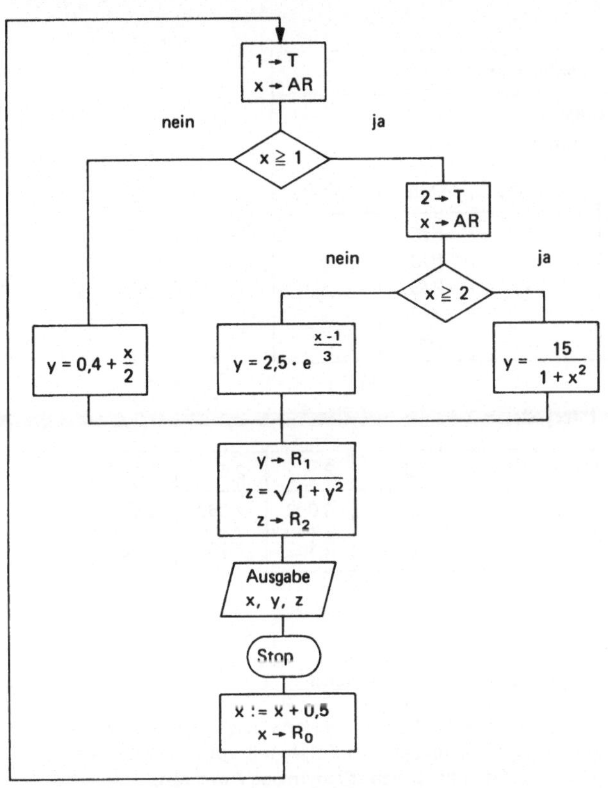

In dem folgenden Programm sind die Verzweigungen erkennbar an den Anweisungen $\boxed{^*x \geq t}$.
Die gemeinsame Rechnung (im Flußdiagramm ab $y \to R_1$) wird ab PSS 47 durchgeführt.

PSS	Taste							
00	1	17	$x \blacktriangleright t$	35	GTO	53	$^*\sqrt{x}$
01	$x \blacktriangleright t$	18	RCL	36	4	54	STO
02	RCL	19	0	37	7	55	2
03	0	20	$^*x \geq t$	38	x^2	56	RCL
04	$^*x \geq t$	21	3	39	+	57	0
05	1	22	8	40	1	58	R/S
06	6	23	—	41	=	59	RCL
07	÷	24	1	42	÷	60	1
08	2	25	=	43	1	61	R/S
09	+	26	÷	44	5	62	RCL
10	.	27	3	45	=	63	2
11	4	28	=	46	$^*1/x$	64	R/S
12	=	29	e^x	47	STO	65	.
13	GTO	30	x	48	1	66	5
14	4	31	2	49	x^2	67	SUM
15	7	32	.	50	+	68	0
16	2	33	5	51	1	69	RST
		34	=	52	=		

<table>
<tr><td colspan="5">Berechnung von Funktionswerten</td></tr>
<tr><td colspan="5">1. Programm eintasten.
2. Taste $\boxed{\text{*CM}_s}$ betätigen.</td></tr>
<tr><td colspan="2">Speicherplan</td><td>Eingabe</td><td>Taste</td><td>Anzeige</td></tr>
<tr><td>0</td><td>x</td><td>—</td><td>R/S</td><td>x</td></tr>
<tr><td>1</td><td>y</td><td>—</td><td>R/S</td><td>y</td></tr>
<tr><td>2</td><td>z</td><td>—</td><td>R/S</td><td>z</td></tr>
<tr><td></td><td></td><td>—</td><td>R/S</td><td>x</td></tr>
<tr><td></td><td></td><td>...</td><td>usw.</td><td>...</td></tr>
</table>

Zahlenbeispiel (mit $\boxed{\text{*fix}}$ 3):

x	0	0,5	1	1,5	2	2,5	3
y	0,400	0,650	2,500	2,953	3,000	2,069	1,500
z	1,077	1,193	2,693	3,118	3,162	2,298	1,803

3.4. Verminderung und Überspringen bei Null

Neben $\boxed{\text{*x = t}}$, $\boxed{\text{*x} \geq \text{t}}$ usw. (s. 3.2) gibt es eine weitere Verzweigungsanweisung, die insbesondere bei Berechnungen von Summen oder Folgen mit Vorteil benutzt werden kann. Wir wollen sie in den nächsten Beispielen erläutern und anwenden.

Beispiel: Die Zahlenfolge

$$a_n = 1 + \frac{1}{4} a_{n-1}^2 \quad (n \in \mathbb{N})$$

soll für verschiedene Ausgangswerte a_0 untersucht werden. Mit einem Programm wollen wir einige a_n für verschiedene a_0 und n berechnen, z.B. a_{10}, a_{50}, a_{100}, a_{1000} für $a_0 = 1$ oder $a_0 = 1,5$.

Wir nennen eine Zahlenfolge der obigen Art *rekursiv:* Das Folgenglied wird aus den vorhergehenden Folgengliedern — hier a_{n-1} — berechnet. Dagegen ist z.B. $a_n = n(1 + n^2)$ keine rekursive Zahlenfolge. Hier kann a_n sofort für jede Zahl $n \in \mathbb{N}$ *ohne* Kenntnis der vorhergehenden Folgenglieder ausgerechnet werden. Rekursive Zahlenfolgen haben wir bereits früher bei der iterativen Berechnung der Quadratwurzel (s. 2.6) oder der Summe der Quadratzahlen (s. 2.3) oder der Funktionswerte einer quadratischen Funktion (s. 2.4) kennengelernt.

Bei der Berechnung des Folgengliedes a_n für ein gegebenes n müssen wir dafür sorgen, daß
die Rechnung gestoppt wird, sobald n erreicht ist. Andernfalls muß nach der obigen
Rekursionsformel das nächste Folgenglied berechnet werden. Setzen wir $a_{n-1} = a_0$ und
$a_n = a_1$, so kann das *Flußdiagramm* folgendermaßen aussehen:

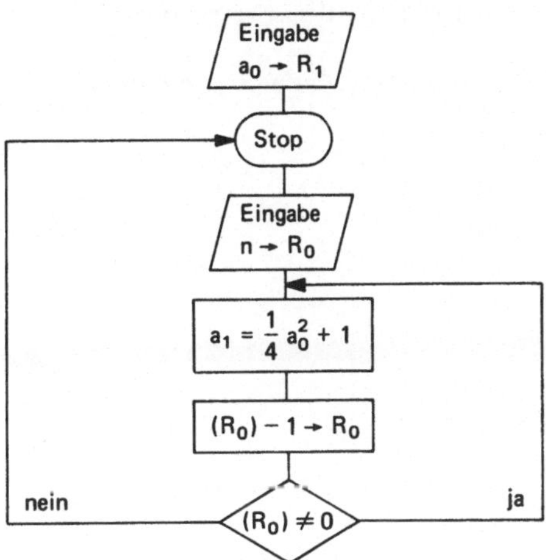

Sehen wir uns im Flußdiagramm die Verzweigung und die vorausgehende Anweisung
noch einmal genauer an.

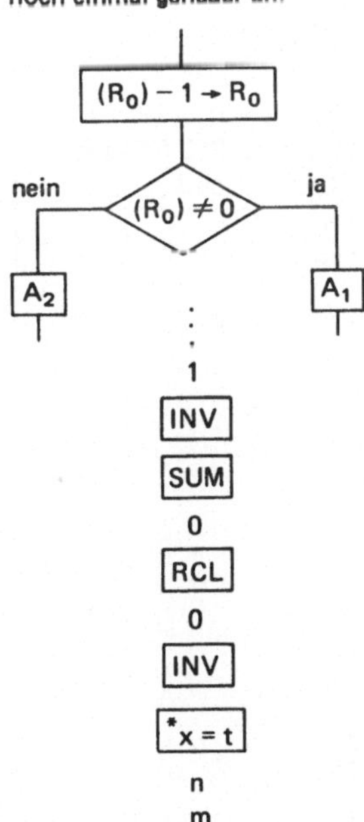

Der Inhalt des Speichers R_0 wird um 1 vermindert.
Es stehen also der Reihe nach in R_0 die Zahlen:

$$n, \quad n-1, \quad n-2, ..., \quad 3, \quad 2, \quad 1, \quad 0$$

Ist der Inhalt von R_0 *nicht* Null, so findet eine
Verzweigung nach der PSS n m statt, in der die
Anweisung A_1 steht. Andernfalls wird das Pro-
gramm mit der Anweisung A_2 fortgesetzt.

Die Programmfolge für diesen Ausschnitt ist nebenstehend (mit $(T) = 0$) angegeben.

Die ersten acht Programmschritte können vom
Rechner mit *einer* Anweisung erfaßt werden.

Die Anweisung $\boxed{\text{*dsz}}$ n m (Decrement and Skip on Zero) bewirkt:

1. Verminderung des Inhalts des Speichers R_0 um 1.
2. Ist der Inhalt von R_0 ungleich Null, so findet eine Verzweigung nach der PSS n m statt, sonst wird n m übergangen und die darauffolgende Anweisung ausgeführt.

Mit $\boxed{\text{INV}}$ $\boxed{\text{*dsz}}$ n m wird entsprechend für $(R_0) = 0$ eine Verzweigung auf die PSS n m erreicht.

$\boxed{\text{*dsz}}$ oder $\boxed{\text{INV}}$ $\boxed{\text{*dsz}}$ darf in eine unvollständige Operation gesetzt werden.

Wir werden bei den folgenden Aufgaben stets

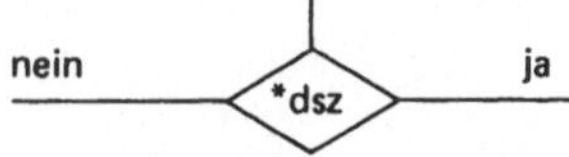

statt des obigen Flußdiagrammausschnitts benutzen.

Das Programm für unser Beispiel lautet:

PSS	Taste	Bemerkungen
00	STO	} $a_0 \rightarrow R_1$
01	1	
02	R/S	Eingabe n
03	STO	} $n \rightarrow R_0$
04	0	
05	RCL	}} $a_0 \rightarrow AR$
06	1	
07	x^2	

PSS	Taste	Bemerkungen
08	÷	} Berechnung von a_1
09	4	
10	+	
11	1	
12	=	
13	*dsz	$(R_0) - 1 \rightarrow R_0 \wedge (R_0) \neq 0$?
14	0	Sprung auf PSS 07 falls
15	7	$(R_0) \neq 0$, sonst
16	GTO	Sprung auf
17	0	PSS 02
18	2	

Benutzeranleitung:

Berechnung einer Folge			
1. Programm eintasten. 2. Vor der Eingabe eines neuen Wertes a_0 muß das BAR mit $\boxed{\text{RST}}$ auf 00 gestellt werden.			
Speicherplan	Eingabe	Taste	Anzeige
0 n	a_0	R/S	–
1 a_0	n	R/S	a_n
	...	usw.	...

In der folgenden Tabelle sind die Werte a_n für einige a_0 und n angegeben [1]. Bei dieser Aufgabe haben wir außerdem die Zeit gestoppt, die der Rechner von der Eingabe von n und dem Betätigen der Taste $\boxed{R/S}$ bis zur Anzeige des Ergebnisses benötigt. Bei der Iterationsrechnung werden in einer Rechenschleife 3 Rechenoperationen durchgeführt, d.h. wir kommen auf etwa 9 Rechenoperationen pro Sekunde. Auf etwa diese Zahl kommt man bei anderen Tests ebenfalls. Natürlich wird für das Speichern und die Sprunganweisung auch noch Zeit benötigt, so daß die Anzahl der Rechenoperationen pro Sekunde größer als 9 ist.

a_0	n	a_n	Rechenzeit [s]
1	10	1,741490131	3,6
	50	1,929575725	17,0
	100	1,962770003	33,0
	1000	1,996038367	327,5
1,5	10	1,788369589	3,5
	50	1,933418015	17,0
	100	1,963863469	33,2
	1000	1,996050978	328,6
	2000	1,998013503	660,0
2	10	2	3,6
	50	2	16,5
	100	2	32,4

Bemerkung: Führen Sie mit dem obigen Programm die Rechnung für $a_0 = 1$ und $n = 9,5$ durch. Sie kommen auf den oben angegebenen Wert a_{10}. Geben Sie auch einmal ein: $n = 0,5$. oder $n = -0,5$ oder $n = -10$ oder $n = -9,1$. Bei diesen n-Werten sollten wir eigentlich eine Fehlermeldung durch Blinken erwarten! Tatsächlich arbeitet die Anweisung $\boxed{*dsz}$ für nicht-natürliche Zahlen so: Bei $\boxed{*dsz}$ ersetzt der Rechner intern den Inhalt des Speichers R_0 durch die kleinste natürliche Zahl, die größer oder gleich $|(R_0)|$ ist. Für diese Zahl wird die Verminderung um 1 und Sprung bei $(R_0) \neq 0$ durchgeführt.

Beispiel: Berechnung von

$$s = \sum_{k=1}^{n} \left(a_k + \frac{2}{1 + |a_k|} \right) \quad \text{und} \quad b = \frac{s}{1 + \sqrt{n}}$$

für gegebene Werte n und a_k ($k \in \mathbb{N}_n$). Nach der letzten eingegebenen Zahl sollen s und b nacheinander vom Rechner ausgegeben werden.

---

[1] Für mathematisch Interessierte: Die Zahlenfolge (a_n) ist konvergent mit dem Grenzwert 2 für $|a_0| \leq 2$, dagegen divergent für $|a_0| > 2$. Geben Sie z.B. $a_0 = 2,1$ oder $a_0 = 3$ ein und beobachten Sie, was der Rechner macht.

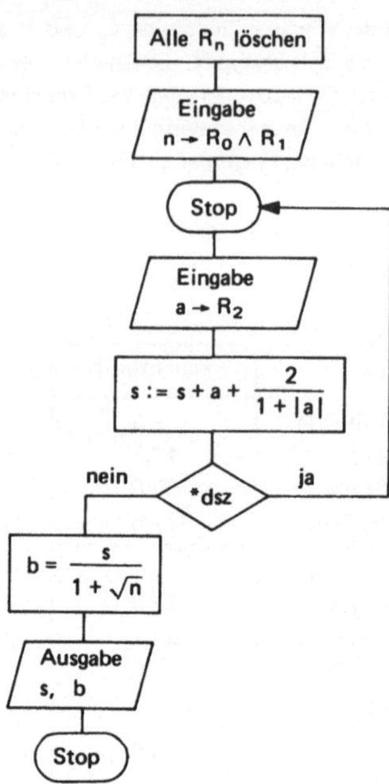

Programm:

PSS	Taste								
00	*CM$_s$	09	+	19	=	29	(
01	STO	10	2	20	SUM	30	1
02	0	11	÷	21	3	31	+
03	STO	12	(	22	*dsz	32	RCL
04	1	13	1	23	0	33	1
05	0	14	+	24	5	34	*$\sqrt{x}$
06	R/S	15	RCL	25	RCL	35	)
07	STO	16	2	26	3	36	=
08	2	17	*|x|	27	R/S	37	R/S
		18	)	28	÷	38	RST

Benutzeranleitung:

Berechnung einer Summe			
1. Programm eintasten.			
2. Vor der Eingabe des nächsten a-Wertes erscheint im AR eine Null.			
Speicherplan	Eingabe	Taste	Anzeige
0 n, ..., 0	n	R/S	0
1 n	a_1	R/S	0
2 a	a_2	R/S	0
3 s	...	...	...
	a_n	R/S	s
	—	R/S	b

Um das Programm zu testen, setzen wir $a_k = 1$ und z.B. $n = 9$. Dann wird $s = 2n = 18$

und $b = \dfrac{2n}{1 + \sqrt{n}} = 4{,}5$

Zahlenbeispiel: $n = 7$

a_k	1,5	$-3{,}2$	4,6	5,2	2,2	$-1{,}9$	1

Ergebnis: $s = 13{,}671$ und $b = 3{,}750$

In dem folgenden Beispiel treten neben Verzweigungs- auch ‚Umordnungsprobleme' auf, die erfahrungsgemäß dem Anfänger häufig Schwierigkeiten bereiten.

Beispiel: Von den n (positiven) Zahlen

$$a_k = \sqrt{k} + \sin \frac{\pi k}{n} \qquad (k \in \mathbb{N}_n)$$

sollen die größte Zahl $a_{max} = \text{Max}(a_1, a_2, \ldots, a_n)$ und $b = \dfrac{a_{max}}{n}$ berechnet und nacheinander angezeigt werden.

Nehmen wir einmal an, wir haben von den Zahlen $a_1, a_2, \ldots, a_{k-1}$ die größte — kurz Max genannt — bereits im T-Speicher stehen. Dann müssen wir die nächste Zahl a_k mit Max vergleichen und *nicht* austauschen, falls $a_k < \text{Max}$ ist. Andernfalls nehmen wir einen Austausch vor und führen den nächsten Vergleich mit a_{k+1} durch. Dieses führen wir solange durch, bis der letzte Wert a_n mit dem bis dahin größten Wert verglichen wurde. Danach bringen wir $a_{max} = (T)$ ins AR zur Anzeige. Wir erhalten somit das folgende

Flußdiagramm:

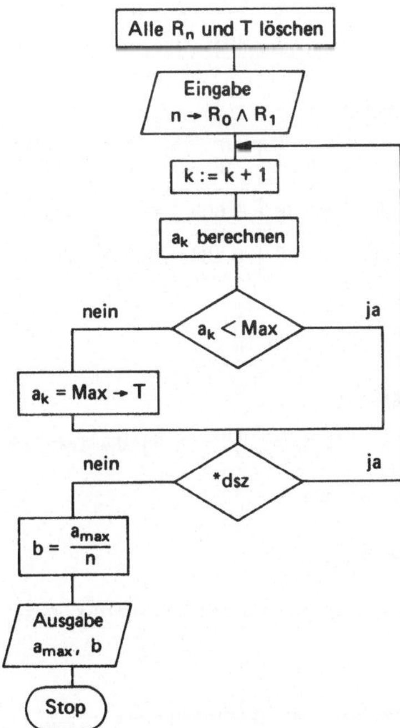

Das Programm lautet:

PSS	Taste		09	RCL		19	RCL		29	0
00	*CM$_s$		10	2		20	2		30	6
01	*CP		11	×		21	*$\sqrt{x}$		31	x ◄ t
02	STO		12	*π		22	=		32	R/S
03	0		13	÷		23	INV		33	÷
04	STO		14	RCL		24	*x ≥ t		34	RCL
05	1		15	1		25	2		35	1
06	1		16	=		26	8		36	=
07	SUM		17	sin		27	x ◄ t		37	R/S
08	2		18	+		28	*dsz		38	RST

Benutzeranleitung:

Größtes Folgenglied einer Zahlenfolge				
1. Programm eintasten. 2. Mit *RAD Bogenmaß einstellen.				
Speicherplan		**Eingabe**	**Taste**	**Anzeige**
T	a_{max}	n	R/S	a_{max}
0	n,..., 0	—	R/S	b
1	n	n	R/S	a_{max}
2	s	—	R/S	b
		...	usw.	...

Zahlenbeispiel (mit *fix 3) [1]:

n	5	10	20	30	40	50	60
a_{max}	2,683	3,455	4,588	5,506	6,325	7,071	7,746
b	0,537	0,345	0,229	0,184	0,158	0,141	0,129

3.5. Übungsaufgaben

3.1. Berechnen Sie für $x \in \{0,5;\ 4;\ 1;\ 2;\ 0;\ 3\}$ die Werte der Funktion

$$y = \begin{cases} \dfrac{x^2}{4} & \text{für } 0 \leq x \leq 2 \\[2ex] \dfrac{2x-1}{x+1} & \text{für } 2 \leq x \end{cases}$$

(*Zusatz:* Die Eingabe eines negativen (nicht zulässigen) x-Wertes soll der Rechner durch Blinken anzeigen.)

---

[1] Für mathematisch Interessierte: Für $n \geq 40$ erhält man stets $a_{max} = \sqrt{n}$ und $b = \dfrac{1}{\sqrt{n}}$.

3.2. Berechnen Sie

$$s = \sum_{k=1}^{n} (a_k + c)\, b_k^2, \qquad r = \sqrt{c^2 + \sqrt{s}}, \qquad p = \frac{c \cdot s}{1 + n}$$

für $n = 6$; $c = 1,9$ und

a_k	2,9	7,3	$-4,7$	0,87	$-3,6$	2,9
b_k	5,1	$-4,9$	6,3	1,23	4,1	$-5,1$

3.3. Von der Folge

$$a_n = \frac{3}{a_{n-1}} + \frac{\sqrt{a_{n-1}}}{n+1} \qquad (n \in \mathbb{N})$$

sind die Folgenglieder a_5, a_{20}, a_{100} für $a_0 = 1, 2, 10$ zu berechnen.

3.4. Berechnen Sie die Zahl π aus den Reihendarstellungen

a) $\dfrac{\pi}{4} = 1 - \dfrac{1}{3} + \dfrac{1}{5} - \dfrac{1}{7} + \ldots + \dfrac{(-1)^{n+1}}{2n-1} + \ldots$

b) $\dfrac{\pi}{6} = \dfrac{1}{2} + \dfrac{1}{2} \cdot \dfrac{1}{3 \cdot 2^3} + \dfrac{1 \cdot 3}{2 \cdot 4} \cdot \dfrac{1}{5 \cdot 2^5} + \ldots + \dfrac{1 \cdot 3 \cdot \ldots \cdot (2n-1)}{2 \cdot 4 \cdot \ldots \cdot (2n)} \cdot \dfrac{1}{(2n+1) \cdot 2^{2n+1}} + \ldots$

Der Rechner soll die Rechnung solange fortsetzen, bis der neu berechnete Summenwert sich vom vorhergehenden um weniger als ϵ unterscheidet. Wählen Sie z. B. für a) $\epsilon = 0,01$ und für b) $\epsilon = 0,000001$. (Von den obigen Reihen konvergiert die erste sehr schlecht. Sie ist aber einfach zu programmieren, während die zweite Reihe schon einige Programmierfähigkeit voraussetzt. Versuchen Sie hier, für den Summenwert und für das Reihenglied Rekursionsformeln aufzustellen.)

3.5. Berechnen Sie für $m \in \mathbb{N}_n$ die Summenwerte

$$s_m = \sum_{k=1}^{m} \frac{2,1 + b_k^2}{0,8 + b_k} \qquad \text{für } b_k \leq a \text{ und den Zahlenwert } c = \frac{a + \sqrt{s_n}}{n}$$

Zahlenbeispiel: $n = 6$; $a = 3,5$

b_k	4,72	2,83	1,46	5,90	3,50	3,14

(*Hinweis:* $\displaystyle\sum_{k=1}^{m} a_k$ für $a_k \leq a$ bedeutet, daß a_k nur dann zum Summenwert zu addieren ist, wenn $a_k \leq a$ ist. Für $a_k > a$ bleibt der alte Summenwert erhalten.)

3.6. Was wird vom Rechner im folgenden Programm durchgeführt?

PSS	Taste
00	*CM$_s$
01	STO
02	0
03	RCL
04	0

05	x
06	2
07	–
08	1
09	=
10	x^2

11	SUM
12	1
13	*dsz
14	0
15	3
16	RCL

17	1
18	R/S
19	RST

4. Unterprogramme

Aufeinanderfolgende Anweisungen treten häufig in derselben Reihenfolge in einem Programm an mehreren Stellen auf. In diesen Fällen erscheint es sinnvoll, diese Anweisungen zusammenzufassen und auf Abruf an der betreffenden Stelle im Programm ausführen zu lassen. Wir nennen eine solche Folge von Anweisungen ein **Unterprogramm** (UP), das gesamte Programm jetzt auch das Hauptprogramm. Schematisch können wir das eben Beschriebene so darstellen:

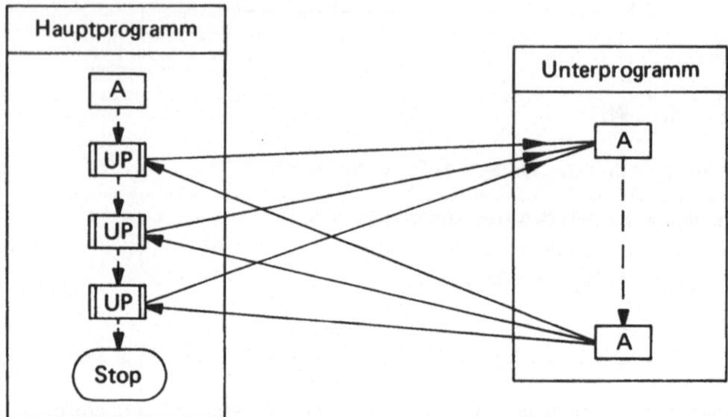

Das Symbol $\boxed{\ \ }$ für ein Unterprogramm werden wir auch im Flußdiagramm benutzen. Wie erreichen wir das Verlassen des Hauptprogramms und die Rückkehr? Hier gilt:

Mit der Anweisung $\boxed{*subr}$ n m (subroutine) wird in einem Programm
mit den ab der PSS n m stehenden Anweisungen fortgefahren.
Mit $\boxed{*rtn}$ (return) wird die Rückkehr an *die* PSS angeordnet,
die auf $\boxed{*subr}$ n m folgt.

Beide Anweisungen $\boxed{*subr}$ und $\boxed{*rtn}$ sind *unbedingte* Sprungbefehle. Man könnte sie ersetzen durch $\boxed{GTO}$ n m, benötigt hierzu allerdings zwei Programmspeicherplätze mehr und verliert eine gewisse Übersicht in der Programmgestaltung.

4.1. Unterprogramme zur Berechnung von Funktionswerten

Wir zeigen die Wirkungsweise von Unterprogrammen am besten am

Beispiel: Es sollen die Funktionswerte

$$y = \sinh x - \frac{1}{3} \sinh \frac{x}{2} + \frac{1}{5} \sinh \frac{x}{3} - \frac{1}{7} \sinh \frac{x}{4}$$

für vorgegebene x-Werte berechnet werden.

Die hyperbolischen Funktionen lassen sich beim SR-56 nicht durch einfachen Tasten-druck (was nichts anderes als der Aufruf zur Durchführung eines Unterprogramms ist) ermitteln. Wir müssen daher auf die Definitionsgleichung

$$\sinh x = \frac{1}{2}(e^x - e^{-x}) \qquad \text{zurückgehen.}$$

Flußdiagramm:

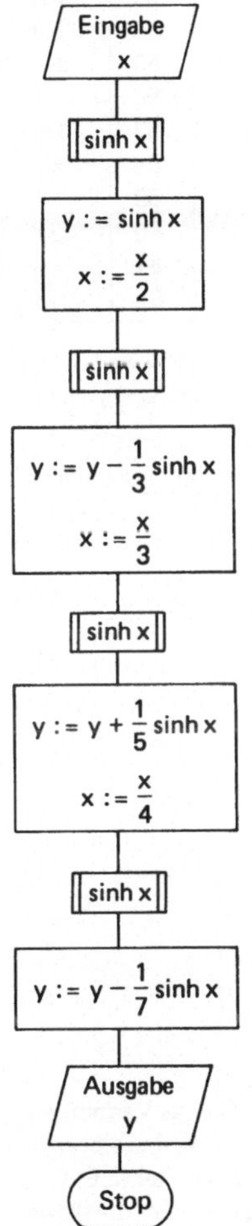

$\boxed{\sinh x}$ bedeutet hier:
Berechne den Wert der hyperbolischen Sinusfunktion für den jeweiligen x-Wert, der z.B. im AR oder in einem Speicher R_n zu finden ist. Der x-Wert ist bei dieser Aufgabe der Reihe nach:

x, $\dfrac{x}{2}$, $\dfrac{x}{3}$, $\dfrac{x}{4}$. Steht der x-Wert im AR, so lautet

das Programm zur Berechnung von $\sinh x$:

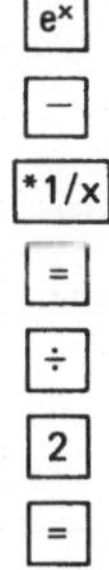

Dieses Unterprogramm wird 4-mal im Hauptprogramm aufgerufen und durchgeführt.

Das gesamte Programm sieht folgendermaßen aus:

PSS	Taste
00	*CM$_s$
01	STO
02	1
03	*subr
04	5
05	5
06	SUM
07	2
08	RCL
09	1
10	÷
11	2
12	=
13	*subr
14	5
15	5
16	÷
17	3
18	+/−
19	=
20	SUM
21	2
22	RCL
23	1
24	÷
25	3
26	=
27	*subr
28	5
29	5
30	÷
31	5
32	=
33	SUM
34	2
35	RCL
36	1
37	÷
38	4
39	=
40	*subr
41	5
42	5
43	÷
44	7
45	+/−
46	=
47	SUM
48	2
49	RCL
50	2
51	R/S
52	RST
53	*NOP
54	*NOP
55	e^x
56	−
57	*1/x
58	=
59	÷
60	2
61	=
62	*rtn

Die auf die Anweisung $\boxed{*\text{subr}}$ folgende Programmspeicherstelle (hier 55) kann natürlich erst nach Fertigstellung des gesamten Programms angegeben werden. Falls genügend Programmspeicher zur Verfügung stehen, empfiehlt sich das Einfügen einiger $\boxed{*\text{NOP}}$ vor dem Unterprogramm. Wir können dann kleine Änderungen, für die wir eventuell noch Speicherplätze benötigen, im Programm vornehmen, ohne die durch $\boxed{*\text{subr}}$ aufgerufene PSS korrigieren zu müssen. Dieses ist besonders dann sehr mühsam, wenn das Programm bereits in den Rechner eingetastet worden ist.

Benutzeranleitung:

Berechnung von Funktionswerten			
Speicherplan	Eingabe	Taste	Anzeige
1	x	R/S	y
2	y	x	R/S	y
		...	usw.	...

Zahlenbeispiel (auf 3 Nachkommastellen):

x	0	0,4	0,8	1,0	1,5	2
y	0	0,356	0,776	1,033	1,905	3,304

Sehr häufig werden Unterprogramme in der folgenden Art benutzt. Für das Verfahren zur allgemeinen Lösung eines Problems (z.B. Berechnung des Maximums einer Funktion $y = f(x)$) existiert ein Programm. Wollen wir dieses in einem besonderen Fall (z.B. für $f(x) = 3 + 2x − x^3$) anwenden, so brauchen wir nur über ein Unterprogramm die Anweisungen zur Berechnung der Funktionswerte hinzuzufügen. Der Arbeitsaufwand kann dadurch erheblich gesenkt werden [1]. Zur Erläuterung geben wir zwei Beispiele, die in ähnlicher Form später bei den Anwendungen wiederholt auftreten werden.

---

[1] Dieses gilt natürlich ganz besonders für programmierbare Taschenrechner, bei denen statt der manuellen Eingabe ein fertiges Programm mit einer Magnetkarte eingelesen werden kann.

Beispiel: Es soll ein Programm zur Berechnung der Summenwerte

$$s_k = \sum_{j=1}^{k} a_j \quad \text{und} \quad b_n = \frac{1}{n} \sum_{k=1}^{n} s_k = \frac{1}{n} \sum_{k=1}^{n} \sum_{j=1}^{k} a_j$$

geschrieben werden. Angezeigt werden sollen nacheinander s_n und b_n. Die Berechnung der a_k soll über ein Unterprogramm erfolgen.

Nennen wir $\sum_{j=1}^{k} s_j = S_k$, so sieht das Rechenschema folgendermaßen aus:

$s_1 = a_1$ $\qquad\qquad\qquad\qquad\qquad$ $S_1 = s_1$

$s_2 = a_1 + a_2 = s_1 + a_2$ $\qquad\qquad$ $S_2 = s_1 + s_2 = S_1 + s_2$

$s_3 = a_1 + a_2 + a_3 = s_2 + a_3$ $\qquad$ $S_3 = s_1 + s_2 + s_3 = S_2 + s_3 \qquad$ usw.

Allgemein erhalten wir die Rekursionsformeln

$s_k = s_{k-1} + a_k \quad$ und $\quad S_k = S_{k-1} + s_k$

oder in der Programmierschreibweise mit dem ‚Ergibt Zeichen‘

$s := s + a \quad$ und $\quad S := S + s$

Wir entwickeln zunächst das *Flußdiagramm*:

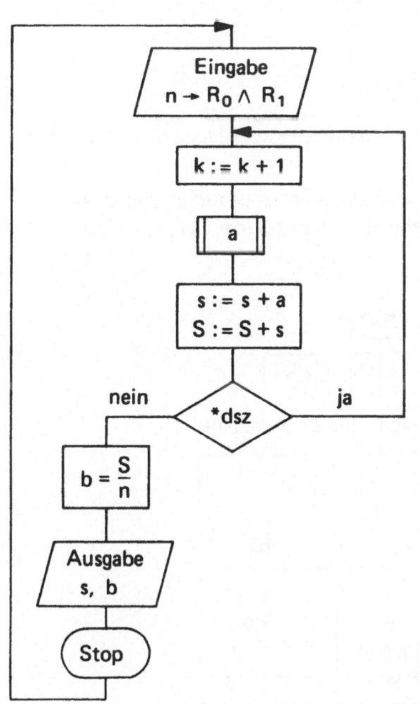

Das Programm lautet:

PSS	Taste
00	*CM$_s$
01	STO
02	0
03	STO
04	1
05	1
06	SUM

07	2
08	*subr
09	3
10	1
11	SUM
12	3
13	RCL
14	3

15	SUM
16	4
17	*dsz
18	0
19	5
20	RCL
21	3
22	R/S

23	RCL
24	4
25	÷
26	RCL
27	1
28	=
29	R/S
30	RST

Benutzeranleitung:

Berechnen von Summenwerten

1. Programm eintasten.
2. BAR auf PSS 31 stellen.
3. Programm zur Berechnung der a_k eintasten (maximal 69 Programmschritte). Der Index k steht im Speicher R_2. Tastenfolge mit $\boxed{*rtn}$ abschließen und mit $\boxed{LRN}$ $\boxed{RST}$ in die Betriebsart RECHNEN schalten.

Speicherplan		Eingabe	Taste	Anzeige
0	n,...,0	n	R/S	s_n
1	n	—	R/S	b_n
2	k	n	R/S	s_n
3	s	...	usw.	...
4	S			

Wir erinnern noch einmal an die Einstellung des Befehlsadreßregisters auf die PSS n m (s. 2.6): $\boxed{GTO}$ n m $\boxed{LRN}$

Wir zeigen an drei Beispielen für a_k, wie wir das Programm zu benutzen haben. Wir schreiben jeweils die Tastenfolge für die Eingabe nach Punkt 3. der Benutzeranleitung.

a) $a_k = 1$:　　　1 $\boxed{*rtn}$ $\boxed{LRN}$ $\boxed{RST}$

b) $a_k = k$:　　　$\boxed{RCL}$ 2 $\boxed{*rtn}$ $\boxed{LRN}$ $\boxed{RST}$

c) $a_k = \dfrac{1}{k}$:　　$\boxed{RCL}$ 2 $\boxed{*1/x}$ $\boxed{*rtn}$ $\boxed{LRN}$ $\boxed{RST}$

Die Durchführung der Rechnung für einige n ergibt die Zahlentabelle

n	$a_k = 1$		$a_k = k$		$a_k = \dfrac{1}{k}$	
	s_n	b_n	s_n	b_n	s_n	b_n
1	1	1	1	1	1	1
2	2	1,5	3	2	1,5	1,25
5	5	3	15	7	2,283333	1,74
10	10	5,5	55	22	2,928968	2,221865

Im Fall a) können wir die Rechnung leicht ohne Rechner durchführen.

$$s_k = \sum_{j=1}^{k} 1 = k \quad \text{und} \quad b_n = \frac{1}{n} \sum_{k=1}^{n} k = \frac{1}{n} \cdot \frac{n(n+1)}{2} = \frac{n+1}{2} \, .$$ Beim Testen eines aufgestellten

Programms ist es sehr wichtig, wenn bekannte Fälle mit dem Programm durchgerechnet werden. Auf diese Art werden häufig Fehler entdeckt.[1]

Sind die Folgenglieder a_k nicht nach einem analytischen Bildungsgesetz, sondern numerisch gegeben, so wird die Tastenfolge besonders einfach: $\boxed{\text{R/S}}$ $\boxed{\text{*rtn}}$ $\boxed{\text{LRN}}$ $\boxed{\text{RST}}$ Nach dem Aufruf durch das Unterprogramm stoppt der Rechner, um uns Zeit für die Eingabe des a_k-Wertes zu lassen.

Beispiel: Für eine Funktion $y = f(x)$ soll der Mittelwert

$$y_m = \frac{1}{5} \left[f(x-h) + 3\,f(x) + f(x+h) \right]$$

für gegebene Werte x und h berechnet werden. Das Programm soll mit einem Unterprogramm zur Berechnung der Funktionswerte $y = f(x)$ geschrieben werden.

Flußdiagramm:

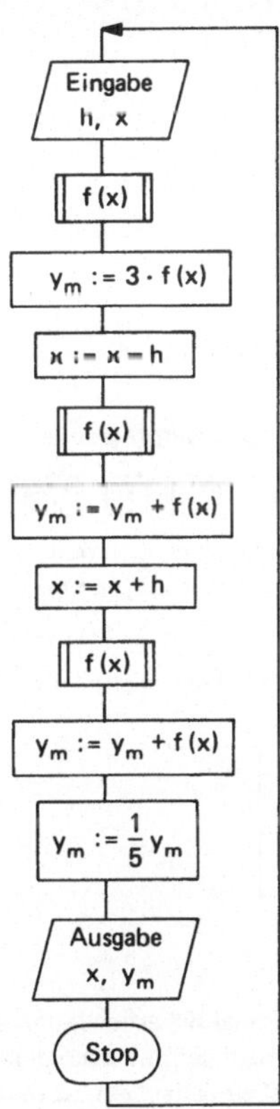

Programm
(Speicherplan s. Benutzeranleitung):

PSS	Taste	PSS	Taste
		23	SUM
00	*CM$_s$	24	3
01	STO	25	RCL
02	?	26	1
03	R/S	27	+
04	STO	28	RCL
05	1	29	2
06	*subr	30	=
07	4	31	*subr
08	6	32	4
09	×	33	6
10	3	34	SUM
11	=	35	3
12	SUM	36	RCL
13	3	37	1
14	RCL	38	R/S
15	1	39	RCL
16	−	40	3
17	RCL	41	÷
18	2	42	5
19	=	43	=
20	*subr	44	R/S
21	4	45	RST
22	6	46	

---

[1] Für mathematisch Interessierte: Auch im Fall b) können wir die Ergebnisse formelmäßig angeben. Versuchen Sie, die Formeln $s_n = \dfrac{n(n+1)}{2}$ und $b_n = \dfrac{(n+1)(n+2)}{6}$ zu bestätigen.

Mittelwertberechnung

1. Programm eintasten.
2. BAR auf PSS 46 stellen.
3. Programm zur Berechnung der Funktionswerte $y = f(x)$ eintasten (maximal 54 Programmschritte). Der jeweilige x-Wert steht im AR.
   Tastenfolge mit $\boxed{*rtn}$ abschließen und mit
   $\boxed{LRN}$ $\boxed{RST}$ in die Betriebsart RECHNEN
   schalten.

Speicherplan		Eingabe	Taste	Anzeige
1	x	h	R/S	—
2	h	x	R/S	x
3	y_m	—	R/S	y_m
		h	R/S	—
		...	usw.	...

Wir testen das Programm mit den beiden Funktionen

a) $f(x) = 1$: 1 $\boxed{*rtn}$ $\boxed{LRN}$ $\boxed{RST}$

    Anzeige: x und $y_m = 1$

b) $f(x) = 2x$: $\boxed{\times}$ 2 $\boxed{=}$ $\boxed{*rtn}$ $\boxed{LRN}$ $\boxed{RST}$

    Anzeige: x und $y_m = 2x$

Für die Funktion $f(x) = \sqrt{x} \cdot \ln(1 + x^2)$ geben wir als Unterprogramm ein:

$\boxed{STO}$ 4 $\boxed{*\sqrt{x}}$ $\boxed{\times}$ $\boxed{(}$ 1 $\boxed{+}$ $\boxed{RCL}$ 4 $\boxed{x^2}$ $\boxed{)}$ $\boxed{\ln x}$ $\boxed{=}$ $\boxed{*rtn}$ $\boxed{LRN}$ $\boxed{RST}$

Hier müssen wir den Wert $x = (AR)$ zunächst speichern $(x \to R_4)$, weil wir ihn später bei x^2 erneut benötigen. Der Wert, für den $f(x)$ berechnet werden soll, steht *nur* im AR, in R_1 steht ein anderer Wert.

Für die obige Funktion erhalten wir z.B. die folgende Zahlentabelle (mit $\boxed{*fix}$ 5):

h	0,5	1	0,1
x	1	2	3
y_m	0,73616	2,30192	3,98811

Bemerkungen über Unterprogramme

1) Wann lohnen sich Unterprogramme? Zunächst einmal sicherlich immer dann, wenn Programme von der Art der letzten beiden Beispiele häufiger mit wechselnden Funktionen auftreten. Haben wir dagegen ein Problem nur einmal zu behandeln, so werden sich Unter-programme als Zusammenfassung von Anweisungsfolgen nur lohnen, wenn diese genügend oft auftreten oder hinreichend lang sind. Treten in einem Programm n Programmschritte in gleicher Reihenfolge k mal auf, so sind dieses $k \cdot n$ Programmschritte. Mit einem Unterprogramm würden sich insgesamt $3 \cdot k + n + 1$ Programmschritte ergeben. Der Faktor 3 tritt wegen |*subr| n m und die 1 wegen |*rtn| auf. Wir sparen somit bei der Benutzung von Unterprogrammen Speicherplätze im Falle

$$3 \cdot k + n + 1 < k \cdot n$$

In der folgenden Tabelle stellen wir einige Ergebnisse über die Anzahl der Programmschritte mit oder ohne Unterprogramm zusammen.

k	n	ohne UP	mit UP
2	7	14	14
	8	16	15
	9	18	16
	10	20	17
3	5	15	15
	6	18	16
	7	21	17
	8	24	18
4	4	16	17
	5	20	18
	6	24	19
	7	28	20

k	n	ohne UP	mit UP
5	4	20	20
	5	25	21
	6	30	22
6	4	24	23
	5	30	24
7	4	28	26
	5	35	27
8	4	32	29
	5	40	30

2) Darf mit |GTO| oder einer Vergleichsanweisung, z.B. |*x $\geq$ t| , in ein Unterprogramm gesprungen werden? Die Antwort lautet: **Nein!** Der Sprung in ein Unterprogramm wird zwar ausgeführt und auch die folgenden Anweisungen bis |*rtn| , dann aber stoppt der Rechner. Es findet keine Rückkehr ins Hauptprogramm statt.

00	GTO	08	=
01	1	09	R/S
02	0	10	1
03	*subr	11	+
04	1	12	2
05	0	13	=
06	+	14	*rtn
07	4	15	RST

Sehen Sie sich dazu das nebenstehende Programm an. Überlegen Sie, was Ihr Rechner nach Betätigen der Taste |R/S| anzeigen wird. Überprüfen Sie die Richtigkeit Ihrer Voraussage. Stellen Sie dagegen das BAR mit |GTO| 0 3 auf die PSS 03 und betätigen |R/S| , dann wird die Anweisung |*rtn| ausgeführt und Sie erhalten in der Anzeige 7.

00	*subr	06	1
01	0	07	+
02	6	08	2
03	+	09	=
04	4	10	*rtn
05	=	11	RST

Untersuchen Sie das nebenstehende Programm. Der Rechner zeigt hier das Ergebnis 3 an. Es sieht so aus, als hätte er den |*rtn|-Befehl nicht ausgeführt. Wenn Sie aber das Programm mit |SST| in der Betriebsart RECHNEN durchgehen, dann erscheint zunächst $1 + 2 + 4 = 7$, danach erst wieder $1 + 2 = 3$. Erst beim 2. Erreichen von |*rtn| stoppt der Rechner.

3) Darf mit $\boxed{\text{GTO}}$ oder einer Vergleichsanweisung aus einem Unterprogramm zurück ins Hauptprogramm gesprungen werden? Die Antwort lautet: **Ja!**

00	*subr		09	+
01	0		10	3
02	8		11	=
03	+		12	*x ≥ t
04	5		13	0
05	=		14	6
06	R/S		15	*√x
07	RST		16	=
08	1		17	*rtn

Im nebenstehenden Programm werden nach Aufruf des Unterprogramms durch $\boxed{\text{*subr}}$ 0 8 die Anweisungen ab der PSS 08 ausgeführt, also zunächst $1 + 3 = 4$. Diese Zahl wird durch die Anweisung in der PSS 12 mit dem Wert im T-Speicher verglichen. Ist $4 \ge (T)$, so wird die Anweisung in der PSS 06 ausgeführt, der Rechner stoppt und zeigt 4 an. Für $4 < (T)$ wird mit $\boxed{\text{*}\sqrt{x}}$ in der PSS 15 fortgefahren. Auch hier stoppt das Programm an der PSS 06, zeigt jetzt aber $\sqrt{4} + 5 = 7$ an.

4) Vorsicht ist in einem Unterprogramm bei der Benutzung der $\boxed{=}$-Anweisung geboten, die in eine unvollständige Operation gesetzt wurde.

00	RCL		09	RCL
01	1		10	2
02	+		11	=
03	*subr		12	÷
04	0		13	RCL
05	7		14	2
06	R/S		15	=
07	1		16	*rtn
08	+			

Nehmen wir an, $z = y + f(x)$ mit $f(x) = \frac{1+x}{x}$ soll berechnet werden. Schreiben wir das Programm in der nebenstehenden Form und geben $y = 1 \to R_1$ und $x = 2 \to R_2$ ein, so zeigt der Rechner den Wert 2 an. Es beträgt aber $z = 1 + \frac{3}{2} = 2{,}5$. Der Fehler ist hier leicht zu erkennen. Nach dem Programm wird gerechnet $1 + 1 + 2 = 4$ und $\frac{4}{2} = 2$. Das $\boxed{=}$-Zeichen im Unterprogramm schließt die im Hauptprogramm stehende unvollständige Operation ab. Das Programm zur richtigen Berechnung von z muß z.B. 1 $\boxed{+}$ $\boxed{\text{RCL}}$ 2 in Klammern setzen und $\boxed{=}$ in der PSS 11 löschen.

4.2. Unterprogramme als Zusammenfassung einer Folge gleicher Anweisungen

Bisher haben wir Unterprogramme verwendet, um mit ihnen Funktionswerte zu berechnen. Sie könnten auch als selbständige Programme benutzt werden. Unterprogramme können aber auch ganz anders zustandekommen. Sehen wir uns dazu noch einmal das Beispiel der Zinsberechnung in 3.3 an. Die PSS 20 bis 26, 31 bis 37, 42 bis 48 und 53 bis 59 bestehen aus einer Folge gleicher Anweisungen. Diese können wir ebenfalls zu einem Unterprogramm zusammenfassen. Die Anweisungen von der PSS 09 bis 15 können wir einbeziehen, wenn wir die 1 im Vorwege in den Datenspeicher R_6 bringen. Berechnen wir die auf dieses Unterprogramm folgenden Zahlen 2, 3, 4, 5 im T-Speicher noch durch die Folge $\boxed{\text{x} \rightleftharpoons \text{t}}$ $\boxed{+}$ 1 $\boxed{=}$ $\boxed{\text{x} \rightleftharpoons \text{t}}$, so schließt sich $\boxed{\text{x} \rightleftharpoons \text{t}}$ des früheren Programms ebenfalls an die bisherige Anweisungsfolge an.

Das Programm zur Zinsberechnung lautet somit:

PSS	Taste	PSS	Taste	PSS	Taste	PSS	Taste
00	STO	18	9	37	RCL	56	=
01	0	19	RCL	38	0	57	R/S
02	R/S	20	3	39	×	58	RST
03	STO	21	*subr	40	RCL	59	*PROD
04	7	22	5	41	6	60	6
05	1	23	9	42	=	61	RCL
06	STO	24	RCL	43	R/S	62	7
07	6	25	4	44	RCL	63	*x = t
08	x ⇄ t	26	*subr	45	6	64	3
09	RCL	27	5	46	*$\sqrt[x]{y}$	65	7
10	1	28	9	47	RCL	66	x ⇄ t
11	*subr	29	RCL	48	7	67	+
12	5	30	5	49	−	68	1
13	9	31	*subr	50	1	69	=
14	RCL	32	5	51	=	70	x ⇄ t
15	2	33	9	52	×	71	*rtn
16	*subr	34	÷	53	1		
17	5	35	0	54	0		
		36	=	55	0		

Der Versuch, auch RCL noch in das Unterprogramm zu nehmen, mißlingt leider. In der Anweisung RCL n dürfen RCL und n **nicht** getrennt werden. Ebenso ist es natürlich bei STO n, SUM n usw. Mit dem obigen Unterprogramm haben wir das Programm aus 3.3 von 85 Programmschritten auf 72 reduzieren können. Der Gewinn von 13 Programmspeicherplätzen kann von Bedeutung sein, wenn man in die Nähe von 100 kommt. Überprüfen Sie selbst, ob Sie mit diesem Programm auf dieselben Werte wie die in der Tabelle in 3.3 kommen.

Ein weiteres Beispiel zu Unterprogrammen dieser Art finden Sie im nächsten Abschnitt.

4.3. Unterprogramme höherer Stufe

Zuweilen treten in einem Unterprogramm Anweisungsfolgen auf, die wir ebenfalls als Unterprogramme auffassen können. Schematisch dargestellt sieht dieses folgendermaßen aus:

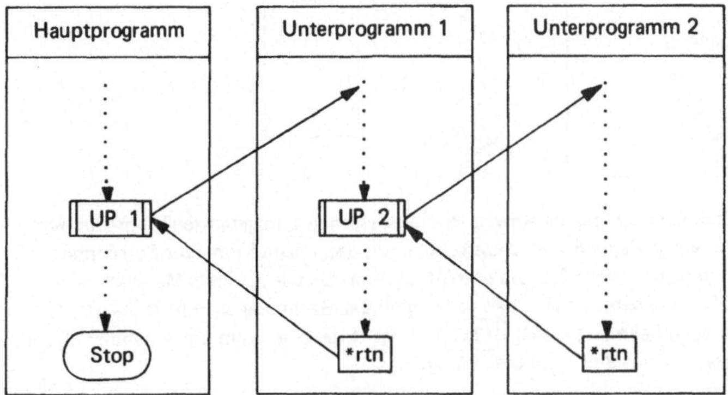

Wir nennen das UP 2 ein Unterprogramm 2. Stufe. Der SR-56 kann Unterprogramme
bis zur 4. Stufe (was in praktischen Fällen beim SR-56 kaum vorkommen dürfte) in
richtiger Reihenfolge verarbeiten. Die Programmierung sieht in diesen Fällen genauso aus
wie bei den Unterprogrammen 1. Stufe. Jedes Unterprogramm wird durch $\boxed{\text{*subr}}$ n m
aufgerufen und mit $\boxed{\text{*rtn}}$ abgeschlossen.

Beispiel: Es soll ein Programm zur Berechnung der Summe

$$s = \sum_{k=1}^{6} c_k \cdot f(x_k) \quad \text{mit} \quad x_k = x_1 + (k-1)\,h \quad (k \in \mathbb{N}_6)$$

für eine beliebige Funktion $f(x)$ und beliebige Konstanten c_k, die sich in den Speichern R_k
befinden mögen, geschrieben werden.

Für den gestrichelt eingerahmten Ausschnitt des *Flußdiagramms* sind die Anweisungen
unten rechts angegeben (Speicherplan s. Benutzeranleitung).

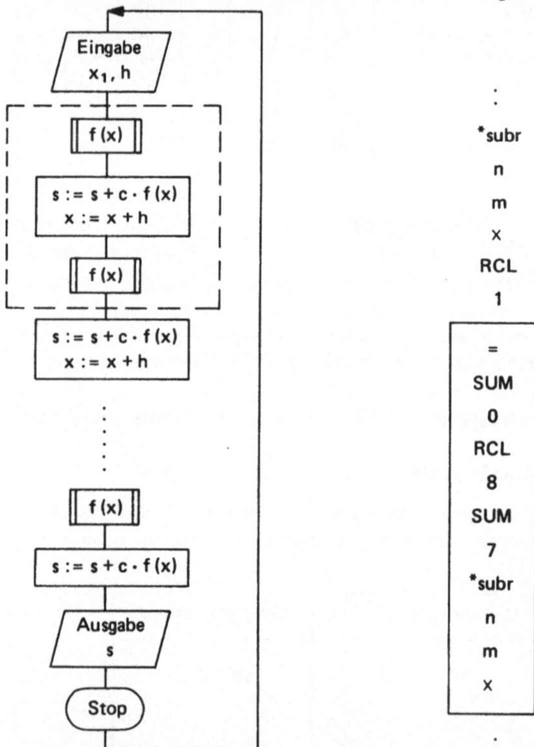

Die im Rechteck eingeschlossene Anweisungsfolge erscheint im gesamten Programm fünf-
mal. Wir schreiben sie daher als ein Unterprogramm, das $\boxed{\text{*subr}}$ n m zur Berechnung
von $f(x)$ als Unterprogramm 2. Stufe enthält. Summieren wir das erste Mal noch 0 in
den Speicher R_0 und sorgen dafür, daß vor Beginn der Rechnung $x_1 - h$ in R_7 steht,
so können wir auch beim ersten Mal $\boxed{\boxed{f(x)}}$ in das Unterprogramm hineinnehmen. Damit
lautet das Programm zur Summenberechnung:

PSS	Taste	PSS	Taste	PSS	Taste	PSS	Taste
00	STO	15	1	31	*subr	47	RST
01	7	16	*subr	32	4	48	=
02	R/S	17	4	33	8	49	SUM
03	STO	18	8	34	RCL	50	0
04	8	19	RCL	35	5	51	RCL
05	INV	20	2	36	*subr	52	8
06	SUM	21	*subr	37	4	53	SUM
07	7	22	4	38	8	54	7
08	0	23	8	39	RCL	55	*subr
09	STO	24	RCL	40	6	56	6
10	0	25	3	41	=	57	0
11	*subr	26	*subr	42	SUM	58	×
12	4	27	4	43	0	59	*rtn
13	8	28	8	44	RCL	60	
14	RCL	29	RCL	45	0		
		30	4	46	R/S		

Benutzeranleitung:

Berechnung der Summe $s = \sum\limits_{k=1}^{6} c_k \cdot f(x_k)$

1. Programm eintasten.

2. BAR auf PSS 60 stellen.

3. Programm zur Berechnung der Funktionswerte $f(x)$ eintasten (maximal 40 Programmschritte). Der x-Wert steht im Speicher R_7. Tastenfolge mit [*rtn] abschließen und mit [LRN] [RST] in die Betriebsart RECHNEN schalten.

Speicherplan		Eingabe	Taste	Anzeige
0	s	c_1	STO 1	—
1	c_1	c_2	STO 2	—
2	c_2	c_3	STO 3	—
3	c_3	c_4	STO 4	—
4	c_4	c_5	STO 5	—
5	c_5	c_6	STO 6	—
6	c_6	x_1	R/S	—
7	x	h	R/S	s
8	h	x_1	R/S	—
		h	usw.	...

Wir testen das Programm mit

a) $c_k = k$, $f(x) = 1$, x_1 und h beliebig: $s = \sum\limits_{k=1}^{6} k = 21$

b) $c_k = \dfrac{1}{k}$, $f(x) = x^3$, $x_1 = 1$, $h = 1$: $s = \sum\limits_{k=1}^{6} \dfrac{1}{k} \cdot k^3 = 91$

Nach erfolgreichem Test berechnen wir s für

$$f(x) = \sqrt{1 + \sin^2 \frac{\pi x}{3}} + e^{-x}, \quad c = (c_k) = (1;\ -2;\ 1{,}5;\ 2;\ -1;\ 3)$$

$x_1 = 0$ und $h = 0{,}25$.

Tastenfolge für $f(x)$: $\boxed{\text{RCL}}\ 7\ \boxed{\times}\ \boxed{*\pi}\ \boxed{\div}\ 3\ \boxed{=}\ \boxed{\sin}\ \boxed{x^2}\ \boxed{+}\ 1\ \boxed{=}\ \boxed{*\sqrt{x}}$ $\boxed{+}\ \boxed{\text{RCL}}\ 7\ \boxed{+/-}\ \boxed{e^x}\ \boxed{=}$

Vergessen Sie nicht die Taste $\boxed{*\text{RAD}}$!

Ergebnis: $s = 7{,}697310818$

Bevor wir dieses Beispiel endgültig verlassen, wollen wir gestehen, daß nicht unbedingt ein UP 2.Stufe benutzt werden muß. Etwas einfacher und kürzer wird das Programm mit der Sprunganweisung $\boxed{*\text{dsz}}$. Versuchen Sie es einmal! Sie müssen allerdings die Eingabe der c_k-Werte ändern.

Ein vom Aufbau her sicherlich nicht ganz einfaches Programm mit einem UP 3.Stufe zeigt das

Beispiel: Für gegebene x- und h-Werte sollen

$$y = g(x) = \sqrt{f\left(x - \frac{h}{2}\right) \cdot f\left(x + \frac{h}{2}\right)} \quad \text{und} \quad z = \frac{1}{2}\left[g(x - h) + g(x + h)\right]$$

berechnet werden. Das Programm ist für eine beliebige Funktion $f(x)$ zu schreiben. Ausgegeben werden sollen x, y, z.

Das *Flußdiagramm* für das Hauptprogramm und Unterprogramm zur Berechnung des Funktionswertes $g(x)$ ist unten dargestellt. Beachten Sie dabei: In $g(x)$ oder $f(x)$ bedeutet x immer *den* Wert, der unmittelbar der Darstellung $\boxed{\boxed{g(x)}}$ oder $\boxed{\boxed{f(x)}}$ vorangeht.

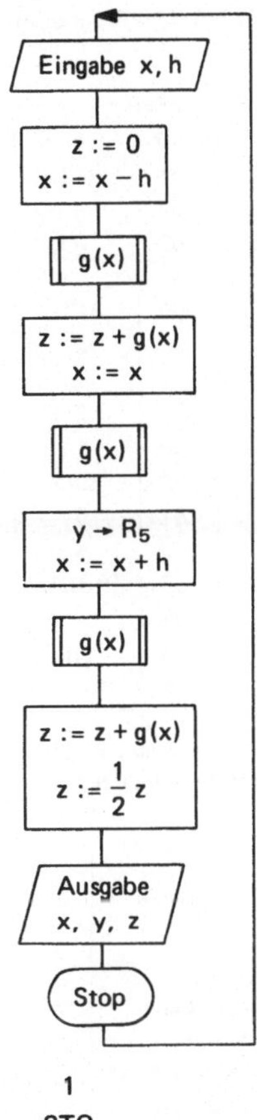

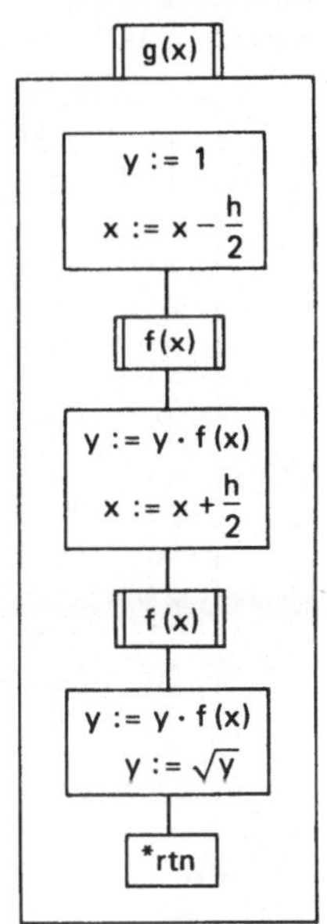

1	3
STO	+
4	
RCL	RCL
3	2
–	÷
	2
RCL	=
2	*subr
÷	n
2	m
=	*PROD
*subr	4
n	
m	RCL
*PROD	4
4	*√x
	*rtn
RCL	

Sehen wir uns zunächst das Unterprogramm zur
Berechnung der Funktionswerte $g(x)$ an, dessen
Tastenfolge wir nebenstehend angegeben haben
(Speicherplan s. Benutzeranleitung). Mit $\boxed{*\text{subr}}$ n m
soll $f(x)$ berechnet werden.

Die eingerahmte Anweisungsfolge können wir
wieder als Unterprogramm schreiben. Damit haben
wir insgesamt drei ineinandergeschachtelte Unterprogramme:

1. UP zur Berechnung von $g(x)$ (später im Hauptprogramm: $\boxed{*\text{subr}}$ 3 6),
2. oben beschriebenes UP ($\boxed{*\text{subr}}$ 5 5) und
3. UP zur Berechnung von $f(x)$ ($\boxed{*\text{subr}}$ 6 6).
   Das letzte ist ein Unterprogramm 3. Stufe.

Um Programmspeicherplätze zu sparen, nehmen wir die Eingabe ganz aus dem Programm heraus (s. Benutzeranleitung) und erhalten

PSS	Taste						
00	*subr	16	SUM	33	=	50	5
01	3	17	3	34	R/S	51	RCL
02	6	18	*subr	35	RST	52	4
03	SUM	19	3	36	1	53	*√x
04	6	20	6	37	STO	54	*rtn
05	RCL	21	SUM	38	4	55	RCL
06	2	22	6	39	RCL	56	2
07	SUM	23	RCL	40	3	57	÷
08	3	24	1	41	−	58	2
09	*subr	25	R/S	42	*subr	59	=
10	3	26	RCL	43	5	60	*subr
11	6	27	5	44	5	61	6
12	STO	28	R/S	45	RCL	62	6
13	5	29	RCL	46	3	63	*PROD
14	RCL	30	6	47	+	64	4
15	2	31	÷	48	*subr	65	*rtn
		32	2	49	5	66	

(RCL 2 SUM 3 hätten wir bei anderer Eingabe in das UP zur Berechnung von $g(x)$ hineinnehmen können. Dadurch wäre das Programm um 4 Programmschritte kürzer geworden.)

Benutzeranleitung:

Berechnung von Funktionswerten

1. Programm eintasten.
2. BAR auf PSS 66 stellen.
3. Programm zur Berechnung von $f(x)$ eingeben (maximal 34 Programmschritte). Der x-Wert steht im AR. Tastenfolge mit *rtn abschließen und mit LRN und RST in die Betriebsart RECHNEN schalten.

Speicherplan		Eingabe	Taste	Anzeige
1	x	−	*CM$_s$	−
2	$x-h, x, x+h$	x	STO 1 −	−
3	h	h	STO 2 =	−
4	$g(x)$	−	STO 3	−
5	y	−	R/S	x
6	z	−	R/S	y
		−	R/S	z

Wir testen das Programm mit

a) $f(x) = 1$, x und h beliebig: $y = g(x) = 1$ und $z = 1$

b) $f(x) = x^2$: $y = g(x) = x^2 - \left(\dfrac{h}{2}\right)^2$ und $z = x^2 + \dfrac{3}{4} h^2$. Für z.B. $x = 3$ und $h = 2$ werden $y = 8$ und $z = 12$.

Nach erfolgreichem Test können wir das Programm für beliebige Funktionen $f(x)$ benutzen, z.B. für

$$f(x) = \ln(x + \sqrt{x^2 + 1}) + |e^{-3x} - 2|$$

Entwickeln Sie die Tastenfolge für $f(x)$, geben Sie diese nach der Benutzeranleitung ein, und überprüfen Sie mit dem Programm die folgende Tabelle:

x	h	y	z
1,5	0,2	5,288728953	5,290036148
4	0,5	10,11155743	10,11330424
−2	1	399,407695	4057,685641
0	0,1	1,979845274	1,936088882

4.4. Übungsaufgaben

4.1. Schreiben Sie ein Programm zur Berechnung des Summenwertes

$$s = \sum_{k=1}^{n} \left(1 + \frac{1}{2} a_k^2\right) \qquad \text{für beliebige } a_k.$$

Testen Sie das Programm mit a) $a_k = 1$ und b) $a_k = k$. Berechnen Sie mit dem Programm s auf 4 Nachkommastellen für $n = 12$ und

$$a_k = \frac{k}{1 + k^2} \, e^{-\frac{k}{10}}$$

4.2. Für gegebene Zahlenpaare (x, y) sollen

$$z_1 = 2 \cdot \sqrt{x^2 + y^2} + \frac{1}{3} \sqrt{(x + 1)^2 + y^2},$$

$$z_2 = \sqrt{(x + 1)^2 + (y + 1)^2} + \ln(1 + \sqrt{(x + 1)^2 + y^2}),$$

$$z_3 = \sqrt{z_1^2 + z_2^2}$$

auf 3 Nachkommastellen berechnet werden. Zahlenbeispiel (die ersten Wertepaare dienen als Test):

x	0	0	−1	2,74	−3,65	0,468
y	0	1	1	1,28	2,83	−0,702

4.3. Schreiben Sie ein Programm zur Berechnung von

$$s = \sum_{k=1}^{n} a_k \left(1 + \frac{1}{n} b_k\right) \quad \text{und} \quad c = \frac{s}{n(n + 1)}$$

für beliebige a_k und b_k. Die für die Unterprogramme zur Verfügung stehenden Programmspeicher sollen zu etwa gleichen Anteilen auf die Berechnung von a_k und b_k aufgeteilt werden.

Testen Sie das Programm mit

a) $a_k = 1$ und $b_k = 1$ $\left(s = n + 1 \text{ und } c = \frac{1}{n}\right)$ und

b) $a_k = k$ und $b_k = k \left(s = \dfrac{(n + 1)\,(5n + 1)}{6} \text{ und } c = \dfrac{5n + 1}{6n}\right)$.

Berechnen Sie nach erfolgreichem Test s und c für

$$a_k = \frac{1}{1 + e^{k/5}}, \quad b_k = \sin\frac{k\pi}{6} \quad \text{und} \quad n = 5, 10, 20.$$

4.4. Schreiben Sie ein Programm zur Berechnung des Mittelwertes

$$y_m = \frac{1}{9}\left[f(x - h) + 2f\left(x - \frac{h}{2}\right) + 3f(x) + 2f\left(x + \frac{h}{2}\right) + f(x + h)\right]$$

für eine beliebige Funktion $f(x)$.

Testen Sie das Programm mit

a) $f(x) = 1$ und b) $f(x) = 2x$.

Berechnen Sie nach dem Test y_m für

$$f(x) = \frac{1}{1 + x^2} + \arcsin\sqrt{1 - x^2}$$

und die Wertepaare

$$(x; h) \in \{(0; 0,1), \quad (0,5; 0,5), \quad (-0,6; 0,25)\}$$

4.5. Versuchen Sie herauszufinden, was mit dem folgenden Programm berechnet wird (nennen Sie $(R_1) = x$):

PSS	Taste
00	*CM$_s$
01	STO
02	1
03	0
04	*subr
05	3
06	5
07	e^x
08	SUM
09	2
10	1

11	+/−
12	*subr
13	3
14	5
15	*$\sqrt{x}$
16	SUM
17	2
18	2
19	*subr
20	3
21	5
22	SUM

23	2
24	1
25	*subr
26	3
27	5
28	*1/x
29	SUM
30	2
31	RCL
32	2
33	R/S
34	RST

35	+
36	RCL
37	1
38	=
39	x^2
40	+
41	1
42	=
43	*rtn

5. Der Drucker PC-100 A

Eine außerordentlich hilfreiche Ergänzung zum SR-56 oder SR-52 ist der **Drucker PC-100 A**.
So wie der programmierbare Rechner uns von der langwierigen und oft monotonen Rechenarbeit befreit, so kann uns der Drucker das Abschreiben von Rechenergebnissen und das er-
neute manuelle Starten des Rechenablaufs ersparen. Die wenigsten Leser dieses Buches und
Besitzer eines SR-56 werden zwar auch einen eigenen PC-100 A jederzeit zu Hause zur
Verfügung haben, doch werden wohl schon jetzt oder in einiger Zeit in einigen Fachbe-
reichen, Instituten, Gymnasien usw. Drucker bereitstehen, an die Sie Ihren programmierbaren Rechner anschließen können. Wir wollen daher in diesem Abschnitt kurz auf das
— recht einfache — Arbeiten mit einem Drucker eingehen. Bei den folgenden Erklärungen
gehen wir davon aus, daß Rechner und Drucker zu einer Einheit zusammengeschlossen
sind (s. Bild 5.1).

Bild 5.1

5.1. Das Auflisten eines Programms

Haben Sie ein Programm in Ihren Rechner eingetastet, so können Sie sich dieses Programm
teilweise oder vollständig vom Drucker ausgeben lassen.

In der Betriebsart RECHNEN wird mit der Taste $\boxed{\text{*list}}$ das im Rechner gespeicherte
Programm von der augenblicklichen PSS an in der kodierten Form $\boxed{\qquad \text{nn nn}}$
Anweisung nach Anweisung bis zur PSS 99 ausgegeben. Mit $\boxed{\text{R/S}}$ kann diese Auf-
listung jederzeit unterbrochen werden.

Die Taste $\boxed{\text{*list}}$ hat nur in der Betriebsart RECHNEN eine Bedeutung. In der Betriebsart
LEARN wird $\boxed{\text{*list}}$ im Programm übergangen (hat also dort eine ähnliche Wirkung wie
$\boxed{\text{*NOP}}$).

Tabelle 5.1.1 zeigt die Auflistung des Programms zur iterativen Quadratwurzelberechnung
(s. 2.6). Mit dieser Liste kann

1. in aller Ruhe die Suche nach einem eventuellen Fehler im Programm durchgeführt und

2. auf bequeme Weise eine Kopie des Programms (wenn auch in verschlüsselter Form)
   hergestellt werden.

Eine Aufzeichnung des Programms in nicht kodierter Form *und* der Zahlenwerte des Anzeigeregisters kann mit der Drucker-Taste **TRACE** erreicht werden. Diese Taste rastet beim Betätigen ein und gibt solange Ergebnisse und Anweisungen aus, bis sie wieder gelöst wird. Die Taste TRACE kann sowohl beim Programmablauf als auch beim manuellen Rechnen benutzt werden. Tabelle 5.1.2 zeigt die Aufzeichnung des 1. Iterationsschritts des Programms zur Quadratwurzelberechnung.

Tabelle 5.1.1

00	33
01	01
02	41
03	33
04	02
05	84
06	34
07	01
08	54
09	34
10	02
11	94
12	54
13	02
14	94
15	41
16	22
17	00
18	03

Tabelle 5.1.2

14. 256	STO
	1
14. 256	
	HLT
3.	STO
	2
3.	
3.	+
3.	RCL
	1
14. 256	
14. 256	÷
14. 256	RCL
	2
3.	
3.	=
7. 752	
7. 752	÷
2.	=
3. 876	
	HLT
3. 876	GTO
	3

Für die Operationssymbole sind beim Drucker folgende Abweichungen gegenüber der Rechner-Taste zu beachten:

Rechner-Taste	R/S	*|x|	INV sin	INV tan	INV cos	*x = t	INV *x = t
Drucker-Symbol	HLT	ABS	ASIN	ATAN	ACOS	EQ.T	NE.T

*x ≥ t	INV *x ≥ t	INV SUM	*PROD	INV *PROD	INV *INT	INV *fix	INV *dsz
GE.T	LT.T	ISUM	PRD	IPRD	FRAC	IFIX	IDSZ

5.2. Das Ausdrucken von Daten

| *prt | (Print) veranlaßt das Ausdrucken des Zahlenwertes im AR und anschließenden Zeilentransport des Papiers.

| *pap | (Paper) bewirkt einen Zeilenvorschub des Papiers, also die Herstellung einer Leerzeile.

$*prt$ und $*pap$ können sowohl als Anweisung in einem Programm als auch manuell in der Betriebsart RECHNEN benutzt werden. Falls der Rechner nicht an einen Drucker angeschlossen wird, werden diese Anweisungen wie $*NOP$ aufgefaßt.

Programme aus den vorhergehenden Abschnitten können mit der Print-Anweisung sehr leicht so umgeschrieben werden, daß sie jetzt auch in Verbindung mit dem Drucker zu benutzen sind. Sehen wir uns dazu wieder das Beispiel der Quadratwurzelberechnung (s. 2.6) an. Wir wollen nach jedem Iterationsschritt den x-Wert ausdrucken lassen. Das Programm hierzu ist unten links dargestellt. Wir haben in dem früheren Programm lediglich in der PSS 15 die Anweisung R/S durch $*prt$ ersetzt. Der Rechner durchläuft unentwegt die Schleife im Programm, wir müssen ihn manuell mit R/S stoppen. Die ausgedruckten Zahlenwerte sind unten rechts abgebildet.

PSS	Taste
00	STO
01	1
02	R/S
03	STO
04	2
05	+
06	RCL
07	1
08	÷

09	RCL
10	2
11	=
12	÷
13	2
14	=
15	*prt
16	GTO
17	0
18	3

```
        3.876          PRT
3.777009288            PRT
3.775712076            PRT
3.775711853            PRT
3.775711853            PRT
3.775711853            PRT
3.775711853            PRT
```

Beispiel: Für x = 0; 0,1; 0,2; ... sollen die Funktionswerte

$$y = 3 \cdot e^{-\frac{x}{2}} - 2 \cdot e^{-\frac{x}{5}}$$

berechnet und die Zahlenpaare (x, y) mit einer Leerzeile zum nächsten Zahlenpaar bis zum 1. negativen y-Wert ausgedruckt werden.

Flußdiagramm:

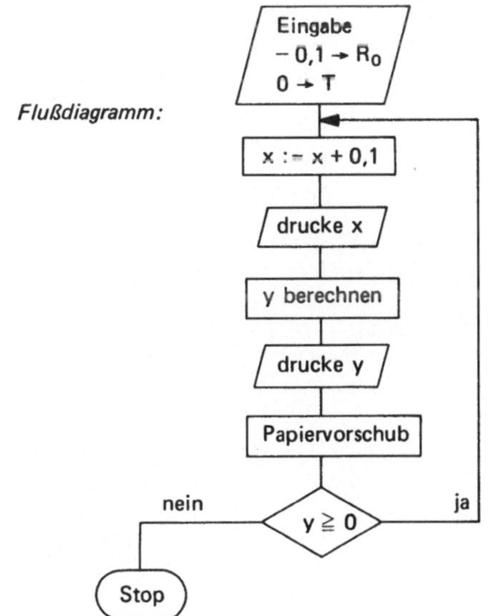

Das Programm für diese Aufgabe lautet:

PSS	Taste
00	.
01	1
02	+/−
03	STO
04	0
05	*CP
06	.
07	1
08	SUM

09	0
10	RCL
11	0
12	*prt
13	÷
14	2
15	=
16	+/−
17	e^x
18	x

19	3
20	−
21	2
22	×
23	(
24	RCL
25	0
26	÷
27	5
28	)

29	+/−
30	e^x
31	=
32	*prt
33	*pap
34	*x ≥ t
35	0
36	6
37	R/S

Die folgenden Tabellen zeigen die Auflistung des Programms (Tabelle 5.2.1), die Aufzeichnung der Zahlenwerte des AR und der Anweisungen des Programms für einen Durchlauf (Tabelle 5.2.2) und die ausgedruckten Ergebnisse der Zahlenpaare (x, y) (Tabelle 5.2.3).

Tabelle 5.2.1

00	92	21	02
01	01	22	64
02	93	23	52
03	33	24	34
04	00	25	00
05	56	26	54
06	92	27	05
07	01	28	53
08	35	29	93
09	00	30	14
10	34	31	94
11	00	32	97
12	97	33	98
13	54	34	47
14	02	35	00
15	94	36	06
16	93	37	41
17	14		
18	64		
19	03		
20	74		

Tabelle 5.2.2

−0. 1	STO
	0
−0. 1	
	CP
0. 1	SUM
	0
0. 1	
0. 1	RCL
	0
0.	
0.	PRT
0.	÷
2.	=
0.	
0.	e^x
1.	
1.	×
3.	−
2.	×
	(
2.	RCL
	0
0.	
0.	÷
5.	)
0.	e^x
1.	
1.	=
1.	
1.	PRT
1.	GE. T
	6

```
                    0.          PRT
                    1.          PRT

                   0.1          PRT
          .8932909269           PRT

                   0.2          PRT
          .7929333758           PRT

                   0.3          PRT
          .6985948621           PRT

                   0.4          PRT
          .6099595665           PRT

                   0.5          PRT
          .5267275131           PRT

                   0.6          PRT
          .4486137886           PRT

                   0.7          PRT
          .3753477984           PRT

                   0.8          PRT
          .3066725602           PRT

                   0.9          PRT
         0.242344032            PRT

                    1.          PRT
         0.182130473            PRT

                   1.1          PRT
          .1258118352           PRT

                   1.2          PRT
          .0731791861           PRT

                   1.3          PRT
          .0240341587           PRT

                   1.4          PRT
         -.0218115715           PRT
```

II. Teil:
Programmbeispiele aus der Mathematik und Technik

In diesem II. Teil des Buches werden aus verschiedenen Gebieten einige Aufgaben zusammengestellt, die sich mit Hilfe eines programmierbaren Taschenrechners besonders gut lösen lassen. Beim Entwickeln eines Programms setzen wir die Kenntnis der im I. Teil dargestellten Programmiertechnik voraus. Die Abschnitte 6. und 7. wollen *keine* Programmsammlung irgendeines der behandelten Gebiete sein. Der Leser soll vielmehr anhand der aufgeführten Beispiele lernen, wie ein Problem mathematisch formuliert und in ein Programm umgesetzt werden kann. Mit einem formalen Eintasten eines fertigen Programms sollte sich *der* Leser, der das *Programmieren* lernen möchte, nicht zufrieden geben.

6. Beispiele aus der Mathematik

6.1. Zahlen

6.1.1. Pythagoräische Zahlentripel

(a, b, c) wird ein Pythagoräisches Zahlentripel genannt, wenn gilt:

$$a^2 + b^2 = c^2 \quad \text{und} \quad a, b, c \in \mathbb{N} .$$

a und b können als Längen der Katheten
und c als Länge der Hypotenuse in einem
rechtwinkligen Dreieck angesehen werden.
Bekannte Pythagoräische Zahlentripel sind
z.B. (3, 4, 5) oder (5, 12, 13).

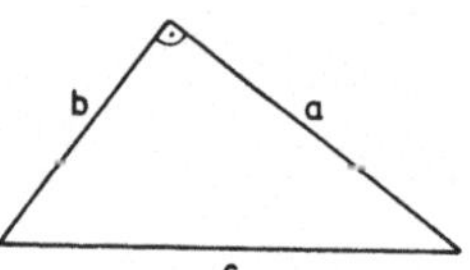

Für $a \in \mathbb{N}$ und $a > 2$ können b und c folgendermaßen berechnet werden [1]:

$$b = \begin{cases} \left(\dfrac{a}{2}\right)^2 - 1 \\[2mm] \dfrac{a^2 - 1}{2} \end{cases} \quad \text{und} \quad c = \begin{cases} \left(\dfrac{a}{2}\right)^2 + 1 = b + 2 & \text{für } a \text{ gerade} \\[2mm] \dfrac{a^2 + 1}{2} = b + 1 & \text{für } a \text{ ungerade} \end{cases}$$

---

[1] Wir erhalten hiermit nicht *alle* Pythagoräischen Zahlentripel. Diese werden folgendermaßen berechnet: $a = n^2 - m^2$, $b = 2nm$, $c = n^2 + m^2$ mit $n, m \in \mathbb{N}$, $n > m$ und n, m nicht beide gerade und n, m nicht beide ungerade.

Das *Flußdiagramm* für unser Problem sieht sehr einfach aus:

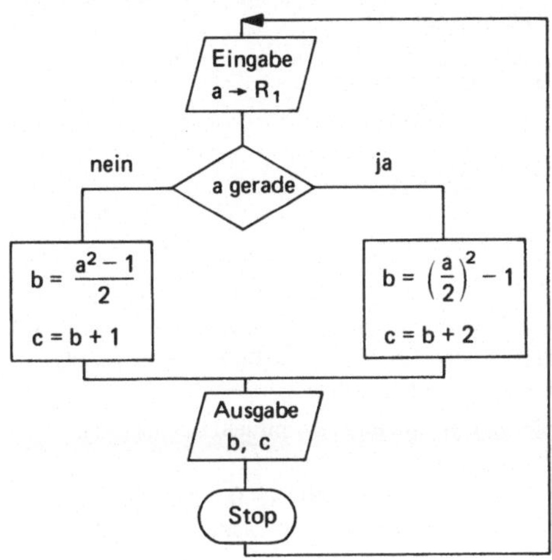

Für die Abfrage ,a gerade' können wir die Funktionstaste $\boxed{\text{*int}}$ (integer) benutzen.
Es bedeutet:

int (x) = größte ganze Zahl, deren Betrag kleiner oder gleich $|x|$ ist.
Oder: int (x) löscht die Nachkommaziffern der Zahl im AR.

Zum Beispiel int (4,74) = 4, int (5) = 5, int (− 2,32) = − 2.

Mit $\boxed{\text{INV}}$ $\boxed{\text{*int}}$ werden die Nachkommastellen (einschließlich Vorzeichen) der Zahl
im AR angezeigt, der ganzzahlige Teil der Zahl wird gelöscht.
Zum Beispiel INV int (15,784) = 0,784, INV int $(\frac{15}{7})$ = 0,1428571429,
INV int (− 3,048) = − 0,048.

Zurück zu der gestellten Aufgabe. ,a gerade' bedeutet, daß a ohne Rest durch 2 teilbar ist.
Ist a ungerade, so bleibt bei Division durch 2 ein Rest. ,a gerade' können wir daher auch
so formulieren: $\frac{a}{2}$ − int $(\frac{a}{2})$ = 0. Damit lautet unser Programm:

PSS	Taste
00	R/S
01	STO
02	1
03	÷
04	2
05	−
06	*int
07	=
08	*x = t

PSS	Taste
09	2
10	5
11	RCL
12	1
13	x²
14	−
15	1
16	=
17	÷
18	2

PSS	Taste
19	=
20	R/S
21	+
22	1
23	=
24	RST
25	RCL
26	1
27	÷
28	2

PSS	Taste
29	=
30	x²
31	−
32	1
33	=
34	R/S
35	+
36	2
37	=
38	RST

Führen wir mit diesem Programm die Rechnung durch für a = 3, 4, 5, ..., 12, so erhalten
wir die folgenden Pythagoräischen Zahlentripel (die nicht teilerfremden, wie z.B. (6, 8, 10),
haben wir dabei ausgesondert und nicht mit angegeben):

a	3	5	7	8	9	10	11	12
b	4	12	24	15	40	24	60	35
c	5	13	25	17	41	26	61	37

6.1.2. Größter gemeinsamer Teiler

Als größten gemeinsamen Teiler der beiden natürlichen Zahlen n und m (kurz: ggT (n, m))
bezeichnet man die größte Zahl, die sowohl Teiler von n als auch Teiler von m ist. Wir
wollen ein Programm zur Berechnung des ggT (n, m) schreiben.

Für $n > m$ gilt offensichtlich ggT (n, m) = ggT (n − m, m). Hiermit läßt sich der größte
gemeinsame Teiler nach dem *Euklidischen Algorithmus* so ermitteln:

m wird sooft von n subtrahiert, bis ein Rest $r_1 < m$ bleibt. Ist $r_1 = 0$, so ist ggT (n, m) = m.
Für $r_1 \neq 0$ wird r_1 sooft von m subtrahiert, bis ein Rest $r_2 < r_1$ bleibt. Ist $r_2 = 0$, so ist
ggT (n, m) = r_1 usw.

Zur Erläuterung diene das folgende Beispiel für n = 84 und m = 35: $84 - 35 = 49 > 35$,
$49 - 35 = 14 < 35$, $35 - 14 = 21 > 14$, $21 - 14 = 7 < 14$, $14 - 7 = 7 < 14$, $7 - 7 = 0$,
also ggT (84, 35) = 7.

Wir stellen zunächst ein *Flußdiagramm* auf:

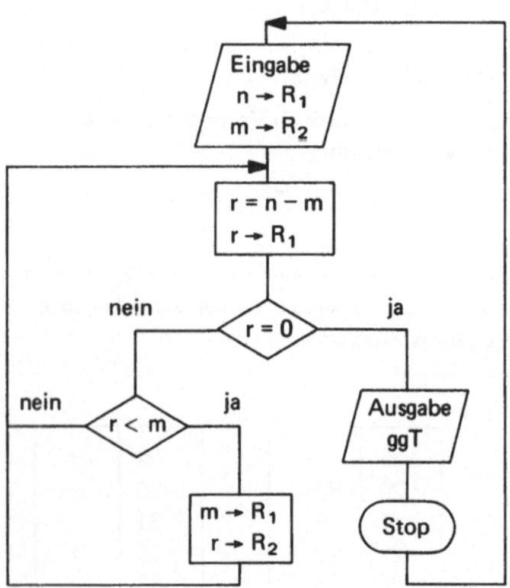

Für $m \to R_1$ und $r \to R_2$ hätten wir auch schreiben können: n := m und m := r. Wir
haben es hier mit einem Vertauschungsproblem zu tun. Im obigen Zahlenbeispiel hätten
wir nach der 2. Subtraktion auch n := 35 und m := 14 setzen und für diese Zahlen nach
dem Euklidischen Algorithmus den ggT ermitteln können.

Das Programm zur Berechnung des ggT (n, m) lautet:

PSS	Taste
00	STO
01	1
02	R/S
03	STO
04	2
05	0
06	x ◢ t
07	RCL
08	1
09	−

10	RCL
11	2
12	=
13	STO
14	1
15	*x = t
16	3
17	8
18	x ◢ t
19	RCL
20	2

21	x ◢ t
22	INV
23	*x ≧ t
24	2
25	9
26	GTO
27	0
28	5
29	RCL
30	1
32	*EXC

32	2
33	STO
34	1
35	GTO
36	0
37	5
38	RCL
39	2
40	R/S
41	RST

Zahlenbeispiele:

n	m	ggT
84	35	7
20	12	4
374	231	11
452	184	4
1023	581	1
7803	2046	3
95139	54033	93

6.1.3. Binomialkoeffizienten

Die Binomialkoeffizienten sind definiert durch

$$a_{n,k} = \binom{n}{k} = \begin{cases} \dfrac{n(n-1) \cdot \ldots \cdot (n-k+1)}{1 \cdot 2 \cdot 3 \cdot \ldots \cdot k} & \text{für } k \in \mathbb{N} \\ 1 & \text{für } k = 0 \end{cases}$$

Zur Berechnung der $a_{n,k}$ benutzen wir die Rekursionsformel

$$a_{n,k} = \frac{n}{k} \cdot a_{n-1,k-1}$$

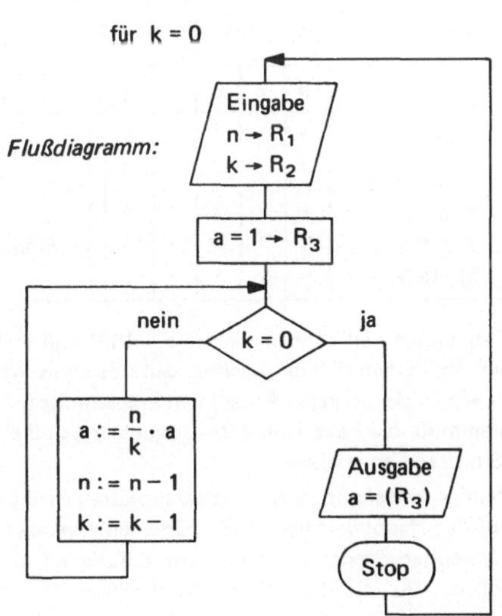

Programm:

PSS	Taste
00	*CP
01	STO
02	1
03	R/S
04	STO
05	2
06	1
07	STO

08	3
09	RCL
10	2
11	*x = t
12	3
13	0
14	*1/x
15	x
16	RCL

17	1
18	=
19	*PROD
20	3
21	1
22	+/−
23	SUM
24	1
25	SUM

26	2
27	GTO
28	0
29	9
30	RCL
31	3
32	R/S
33	RST

Berechnen Sie mit diesem Programm einige Binomialkoeffizienten. Zum Beispiel die Anzahl der Möglichkeiten beim Zahlenlotto (6 Gewinnzahlen werden aus 49 Zahlen ausgelost):
$\binom{49}{6} = 13983816$.

6.2. Berechnung des ebenen Dreiecks

Sind von den 6 Größen (3 Seiten und
3 Winkel) eines ebenen Dreiecks 3
(darunter mindestens eine Seite) gegeben,
so können die übrigen Größen berechnet
werden. Hierzu dienen die Beziehungen:

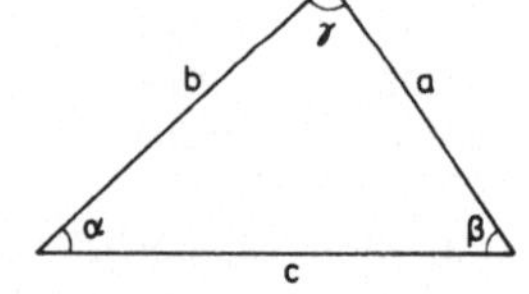

(1) $\quad \alpha + \beta + \gamma = 180°$

(2) $\quad \dfrac{a}{\sin\alpha} = \dfrac{b}{\sin\beta} = \dfrac{c}{\sin\gamma}$ $\qquad$ (Sinussatz)

(3) $\quad c^2 = a^2 + b^2 - 2\,ab\,\cos\gamma$ $\qquad$ (Cosinussatz)

Wir stellen in der folgenden Tabelle die möglichen Fälle zusammen. Dabei bedeuten:
* gegebene Größe und ° gesuchte Größe.

Fall	a	b	c	α	β	γ	anzuwendender Satz
1) SSS	*	*	*	°	°	°	Cosinussatz
2) SWS	*	*	°	°	°	*	Cosinussatz
3) SSW	*	*	°	*	°	°	Sinussatz
4) SWW	*	°	°	*	*	°	Sinussatz
5) WSW	*	°	°	°	*	*	Sinussatz

Den letzten Fall können wir mit $\alpha = 180° - (\beta + \gamma)$ auf den Fall 4) zurückführen. Ein Programm, in dem sich der Rechner den Lösungsweg selbst sucht, für alle 4 Fälle aufzustellen, ist wegen der geringen Anzahl von Programmspeichern nicht möglich. Wir werden ein Programm für die Fälle 1) und 2) (Cosinussatz) und ein 2. Programm für die Fälle 3) und 4) (Sinussatz) entwickeln.

Bei der Anwendung des Sinussatzes müssen wir beachten, daß der Rechner für den Winkel nur den Hauptwert berechnet. Für einen Winkel größer als 90° wird also der falsche Wert verarbeitet. Beachten wir aber, daß z.B. für $a \leqq b$ auch $\alpha \leqq \beta$ ist, so wird die Berechnung von $\alpha < 90°$ auf den richtigen Wert führen.

6.2.1. Cosinussatz

In einem *gemeinsamen* Programm für die Fälle 1) und 2) soll der Rechner den richtigen Lösungsweg selbst herausfinden. Wir können die Unterscheidung der beiden Fälle nach c vornehmen:

Der Rechner findet im Speicher für die Zahl c den Wert $c \neq 0$ im Fall 1)
oder $c = 0$ im Fall 2).

In die nach dem Speicherplan (s. Benutzeranleitung) festgelegten Speicher werden die gesuchten Größen mit Null eingegeben. Im Fall 1) beträgt also $(R_3) \neq 0$ und $(R_6) = 0$, im Fall 2) $(R_3) = 0$ und $(R_6) \neq 0$.

In beiden Fällen treten bei der Anwendung des Cosinussatzes gemeinsame Berechnungen auf, die nur einmal durchgeführt zu werden brauchen. Mit

$$p = a^2 + b^2 - c^2 \quad \text{und} \quad q = 2\,ab\cos\gamma$$

und unter Beachtung, daß im Fall 1) $\gamma = 0°$ $(\cos\gamma = 1)$ und im Fall 2) $c = 0$ ist, wird

im Fall 1) $\cos\gamma = \dfrac{p}{q}$ und im Fall 2) $c = \sqrt{p - q}$.

Weiter wollen wir $a \leqq b$ voraussetzen, andernfalls nehmen wir eine Vertauschung der Bezeichnungen vor. Damit wird $\alpha < 90°$ nach dem Sinussatz stets richtig vom Rechner berechnet. Nach diesen Überlegungen zeichnen wir das *Flußdiagramm:*

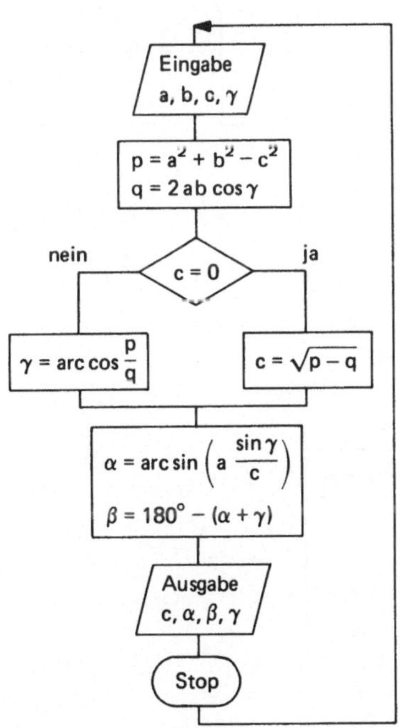

Das Programm für die Dreiecksberechnungen ist jetzt nicht schwer aufzustellen. Beachten Sie dabei den Speicherplan in der Benutzeranleitung.

PSS	Taste
00	*CM$_s$
01	*CP
02	STO
03	1
04	x^2
05	+
06	R/S
07	STO
08	2
09	x^2
10	–
11	R/S
12	STO
13	3
14	x^2
15	=
16	STO
17	7
18	R/S
19	STO
20	6
21	cos
22	×
23	RCL
24	1
25	×
26	RCL
27	2
28	×
29	2
30	=
31	STO
32	8
33	RCL
34	3
35	*x = t
36	5
37	1
38	RCL
39	7
40	÷
41	RCL
42	8
43	=
44	INV
45	cos
46	STO
47	6
48	GTO
49	6
50	0
51	RCL
52	7
53	–
54	RCL
55	8
56	=
57	*$\sqrt{x}$
58	STO
59	3
60	RCL
61	6
62	sin
63	÷
64	RCL
65	3
66	×
67	RCL
68	1
69	=
70	INV
71	sin
72	STO
73	4
74	+/–
75	+
76	1
77	8
78	0
79	–
80	RCL
81	6
82	=
83	STO
84	5
85	RCL
86	3
87	R/S
88	RCL
89	4
90	R/S
91	RCL
92	5
93	R/S
94	RCL
95	6
96	R/S
97	RST

Benutzeranleitung:

Dreiecksberechnung: Cosinussatz

1. Programm eintasten.
2. Bezeichnungen im Dreieck so vornehmen,
   daß $a \leq b$ wird.
3. Bei der Eingabe für nicht-gegebene Größen 0
   eintasten.
4. Blinken: Lösung der Aufgabe existiert nicht.

Speicherplan		Eingabe	Taste	Anzeige
1	a	a	R/S	–
2	b	b	R/S	–
3	c	c	R/S	–
4	α	γ	R/S	c
5	β	–	R/S	α
6	γ	–	R/S	β
7	p	–	R/S	γ
8	q	…	usw.	…

Im Anschluß an das Programm für den Sinussatz finden Sie Zahlenbeispiele für das obige Programm.

6.2.2. Sinussatz

In den Fällen 3) und 4) gehen wir bei der Berechnung des Dreiecks vom Sinussatz (2) aus. Für *beide* Fälle wollen wir ein gemeinsames Programm schreiben. Der Rechner soll den Lösungsweg, ähnlich wie vorher beim Cosinussatz, selbst finden. Wir nehmen die Unterscheidung der beiden Fälle nach

$$b \neq 0 \text{ (gegeben)} \quad \text{oder} \quad b = 0 \text{ (gesucht)} \quad \text{vor.}$$

Den Sinussatz lösen wir entsprechend nach

$$\beta = \arcsin\left(b \cdot \frac{\sin\alpha}{a} \right) \quad \text{oder}$$

$$b = \frac{a}{\sin\alpha} \cdot \sin\beta \quad \text{auf.}$$

Im Fall 3) gibt es für $a < b$ *zwei* Lösungen (s. Bild 6.2.1) oder *keine* Lösung (wird vom Rechner durch Blinken angezeigt). Die Größen der 2. Lösung sollen ebenfalls berechnet werden: $\bar{\beta} = 180° - \beta$, $\bar{\gamma} = \beta - \alpha$,

$$\bar{c} = \frac{a}{\sin\alpha} \cdot \sin\bar{\gamma}.$$

Daß die Berechnung von b auch für $b \neq 0$ (also Seite b ist gegeben) und von $\bar{\beta}$ auch für $a < b$ durchgeführt wird, liegt an der Ausnutzung der Programmspeicherplätze.
Im ersten Fall hätten wir sonst eine Sprunganweisung $\boxed{\text{GTO}}$ n m hineinnehmen und im zweiten Fall die Berechnung von $180° - \beta$ zweimal durchführen müssen.

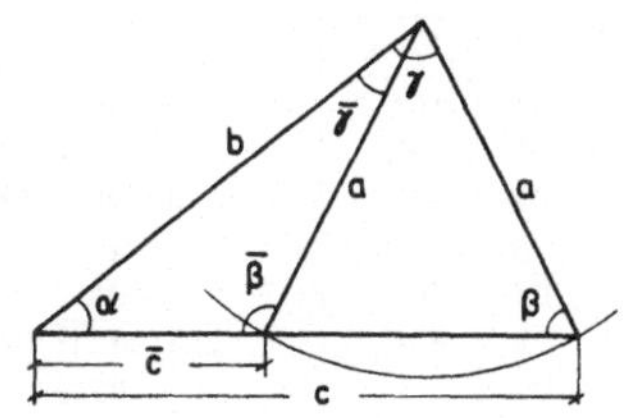

Bild 6.2.1

Flußdiagramm:

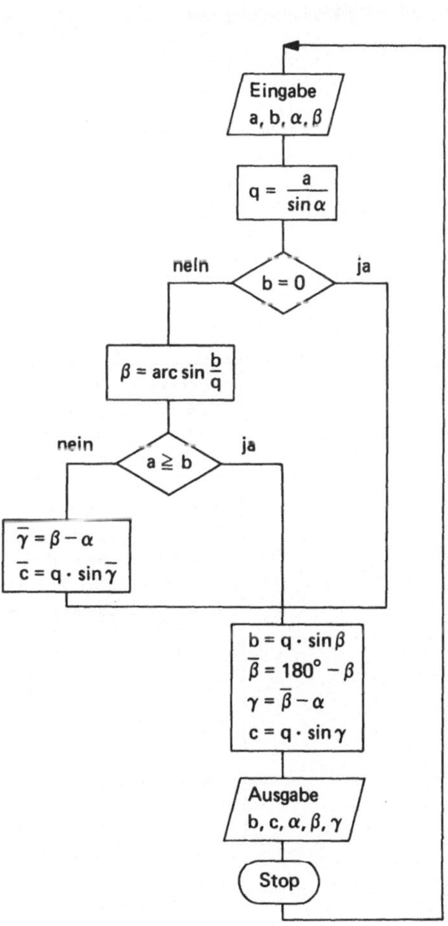

Das Programm (Speicherplan s. Benutzeranleitung) zur Dreiecksberechnung lautet somit:

PSS	Taste
00	*CM$_s$
01	*CP
02	STO
03	1
04	R/S
05	STO
06	2
07	R/S
08	STO
09	4
10	R/S
11	STO
12	5
13	RCL
14	1
15	÷
16	RCL
17	4
18	sin
19	=
20	STO
21	0
22	RCL
23	2
24	*x = t

PSS	Taste
25	5
26	8
27	÷
28	RCL
29	0
30	=
31	INV
32	sin
33	STO
34	5
35	RCL
36	2
37	x ◣ t
38	RCL
39	1
40	*x ≥ t
41	5
42	8
43	RCL
44	5
45	−
46	RCL
47	4
48	=
49	STO
50	9

PSS	Taste
51	sin
52	x
53	RCL
54	0
55	=
56	STO
57	7
58	RCL
59	5
60	sin
61	x
62	RCL
63	0
64	=
65	R/S
66	1
67	8
68	0
69	−
70	RCL
71	5
72	=
73	STO
74	8
75	−
76	RCL

PSS	Taste
77	4
78	=
79	STO
80	6
81	sin
82	x
83	RCL
84	0
85	=
86	R/S
87	RCL
88	4
89	R/S
90	RCL
91	5
92	R/S
93	RCL
94	6
95	R/S
96	RCL
97	7
98	R/S
99	RST

Benutzeranleitung:

Dreiecksberechnung: Sinussatz

1. Programm eintasten.
2. Bezeichnungen so vornehmen, daß gegebene Größen mit a, b, α, β benannt werden.
3. Nicht-gegebene Größen (b oder β) sind mit 0 einzutasten.
4. Erscheint nach dem Betätigen der letzten $\boxed{R/S}$ -Taste eine 0, so existiert nur *eine* Lösung. Im anderen Fall wird $\bar{c}$ angezeigt. $\bar{\beta}$ oder $\bar{\gamma}$ werden nach $\boxed{RCL}$ 8 oder $\boxed{RCL}$ 9 angezeigt.
5. Blinken: Lösung der Aufgabe existiert nicht.

Speicherplan		Eingabe	Taste	Anzeige
0	q	a	R/S	−
1	a	b	R/S	−
2	b	α	R/S	−
3	−	β	R/S	b
4	α	−	R/S	c
5	β	−	R/S	α
6	γ	−	R/S	β
7	$\bar{c}$	−	R/S	γ
8	$\bar{\beta}$	−	R/S	$\bar{c}$
9	$\bar{\gamma}$			

Zahlenbeispiel (die rekursiv gedruckten Werte wurden auf 2 Nachkommastellen berechnet):

a	b	c	α	β	γ
3	4	5	*36,87°*	*53,13°*	*90,00°*
21,6	12,3	16,4	*96,59°*	*34,45°*	*48,96°*
3	4	*5,00*	*36,87°*	*53,13°*	90°
4,28	6,38	*4,99*	*42,04°*	*86,66°*	51,3°
1,28	1,56	2,47	*26,51°*	*32,96°*	120,53°
0,84	0,61	*1,25*	*36,20°*	*25,40°*	118,4°
3	4	*5,00*	36,87°	*53,13°*	*90,00°*
		1,40		*126,87°*	*16,26°*
6,82	5,13	*6,31*	72,4°	*45,81°*	*61,79°*
8,06	*11,73*	12,64	38,4°	64,7°	*76,90°*
2,37	6,46		46,8°	*keine Lösung*	
34,9	43,8	*66,70*	28,2°	*36,37°*	*115,43°*
		10,50		*143,63°*	*8,17°*
0,46	*0,24*	*0,35*	*99,90°*	31,5°	48,6°

6.3. Berechnung von Funktionswerten

6.3.1. Horner-Schema

Für ein Polynom n-ten Grades

$$y = P(x) = a_n x^n + a_{n-1} x^{n-1} + \ldots + a_1 x + a_0$$

lassen sich die Werte der Funktion und deren Ableitung

$$y' = P'(x) = n\, a_n x^n + (n-1)\, a_{n-1} x^{n-1} + \ldots + a_1$$

nach dem Horner-Schema berechnen[1]:

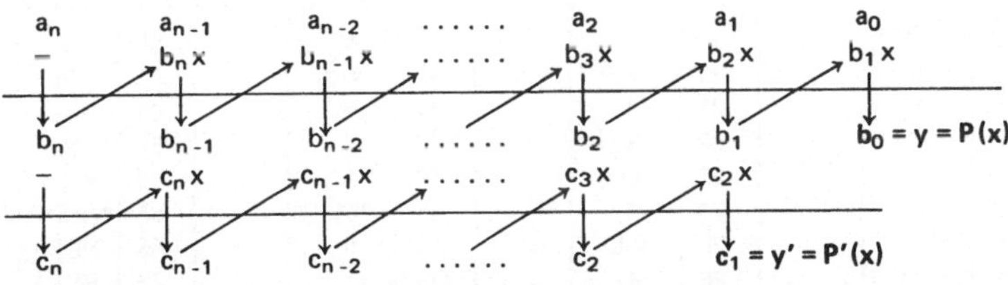

Wir erhalten z.B. $b_{n-2} = a_{n-2} + b_{n-1} x$ oder $c_{n-2} = b_{n-2} + c_{n-1} x$. Allgemein gilt die Iterationsvorschrift:

$$b_k = a_k + b_{k+1} x \wedge b_{n+1} = 0 \qquad (k \in \mathbb{N}_{0,n})$$
$$c_k = b_k + c_{k+1} x \wedge c_{n+1} = 0 \qquad (k \in \mathbb{N}_n)$$

Mit dem Ergibt-Zeichen können wir dafür auch schreiben:

$$b := a + b\,x \quad \text{und} \quad c := b + c\,x$$

---

[1] s. z.B. Brauch/Dreyer/Haacke: Mathematik für Ingenieure, Teubner-Verlag 1977

oder Collatz/Albrecht: Aufgaben aus der angewandten Mathematik, Vieweg-Verlag, 1972

Im *Flußdiagramm* und im Programm müssen wir beachten, daß die b-Werte $(n + 1)$-mal (bis b_0) und die c-Werte n-mal (bis c_1) zu berechnen sind. Wir haben dieses durch die Trennung der Bestimmung der b- und der c-Werte durch die Verzweigung erreicht. Anfangs muß $(R_0) = n + 1$ gesetzt werden.

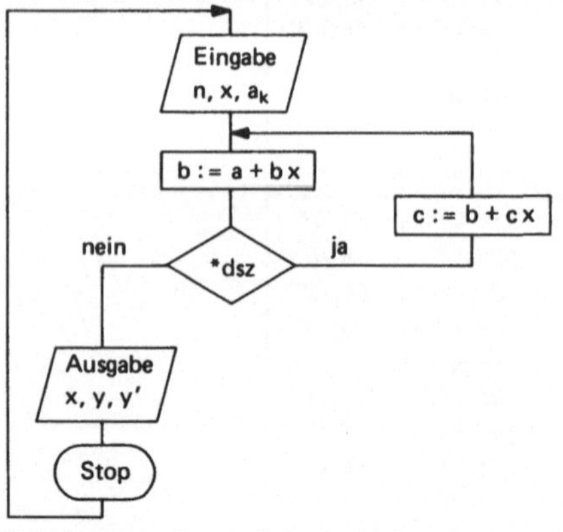

Bei häufigerer Anwendung des Horner-Schemas für dasselbe Polynom möchte man die Koeffizienten a_k nicht für jede Berechnung neu eingeben. Das wäre zeitraubend, und die Vorteile eines Programms gehen zum Teil verloren. Zweckmäßig wäre eine Speicherung der a_k, damit sie für die Berechnung von y und y' für weitere x-Werte zur Verfügung stehen. Von den Datenspeichern sind 4 mit n, x, b, c belegt, für die a_k bleiben somit nur 6 übrig. Das folgende Programm geht von einer Speicherung der a-Werte aus, es ist also nur anwendbar auf Polynome bis zum 5. Grade einschließlich. (Überlegen Sie, wie Sie ein Programm für $n > 5$ schreiben würden.) Wir wollen die Eingabe der Koeffizienten a_k *nicht* in das Programm aufnehmen, sondern direkt nach dem Speicherplan (s. Benutzeranleitung) durchführen. Da die Berechnung der b- und c-Werte immer wieder nach demselben Algorithmus abläuft, können wir hierfür ein Unterprogramm aufrufen.

PSS	Taste		PSS	Taste		PSS	Taste		PSS	Taste
			19	2		39	6		59	8
00	+		20	*subr		40	*subr		60	R/S
01	1		21	4		41	4		61	RCL
02	=		22	3		42	3		62	9
03	STO		23	RCL		43	+		63	R/S
04	0		24	3		44	RCL		64	*NOP
05	R/S		25	*subr		45	8		65	*NOP
06	STO		26	4		46	×		66	RST
07	7		27	3		47	RCL		67	+
08	0		28	RCL		48	7		68	RCL
09	STO		29	4		49	=		69	9
10	8		30	*subr		50	STO		70	×
11	STO		31	4		51	8		71	RCL
12	9		32	3		52	*dsz		72	7
13	RCL		33	RCL		53	6		73	=
14	1		34	5		54	7		74	STO
15	*subr		35	*subr		55	RCL		75	9
16	4		36	4		56	7		76	*rtn
17	3		37	3		57	R/S			
18	RCL		38	RCL		58	RCL			

Polynomberechnung nach Horner

1. Das Programm darf nur für $n \leq 5$ benutzt werden.
2. Programm eintasten.
3. Nach $\boxed{*CM_s}$ die Koeffizienten $a_n, a_{n-1}, \ldots, a_0$ nach Speicherplan eingeben.
4. Sollen x, y, y' über einen Drucker ausgegeben werden, so ist die Anweisung $\boxed{R/S}$ in den PSS 57, 60, 63 durch $\boxed{*prt}$ und $\boxed{*NOP}$ in den PSS 64, 65 durch $\boxed{*pap}$ $\boxed{R/S}$ zu ersetzen.

Speicherplan		Eingabe	Taste	Anzeige
0	$n+1, \ldots, 0$	n	R/S	–
1	a_n	x	R/S	x
2	a_{n-1}	–	R/S	y
3	…	–	R/S	y′
…	a_0	n	R/S	–
7	x	x	R/S	x
8	b	–	R/S	y
9	c	–	R/S	y′

Beispiel: $y = 1{,}34\,x^4 - 2{,}26\,x^3 + 4{,}88\,x^2 + 3{,}69\,x - 2{,}43$

x	0	0,2	0,4	0,6	0,8	1,0	1,2
y	− 2,430	− 1,513	− 0,284	1,226	3,037	5,220	7,899
y′	3,690	5,414	6,852	8,263	9,903	12,030	14,901

6.3.2. Maximum einer Funktion

$y = f(x)$ sei eine im Intervall $x_0 = a \leq x \leq b$ stetige Funktion (s. Bild 6.3.1), deren Kurve im Punkt $P_0(x_0, y_0)$ einen positiven Anstieg besitzen soll. Wir setzen die Existenz eines Maximums dieser Funktion für $\bar{x} > x_0$ voraus: $y_{max} = f(\bar{x})$. Zur Bestimmung von $\bar{x}$ und y_{max} können wir so vorgehen: Wir berechnen die Funktionswerte $y_k = f(x_k)$ für $x_k = x_0 + kh$ $(k \in \mathbb{N}_0)$ solange, bis der nächstfolgende y-Wert kleiner als der vorhergehende wird. Dieser vorletzte y-Wert ist dann eine Näherung für y_{max}. Die Güte dieses Näherungswertes hängt natürlich von der Schrittweite h ab. Zweckmäßig werden wir h zunächst nicht zu klein wählen, weil sonst unnötig viele Funktionswerte berechnet werden.

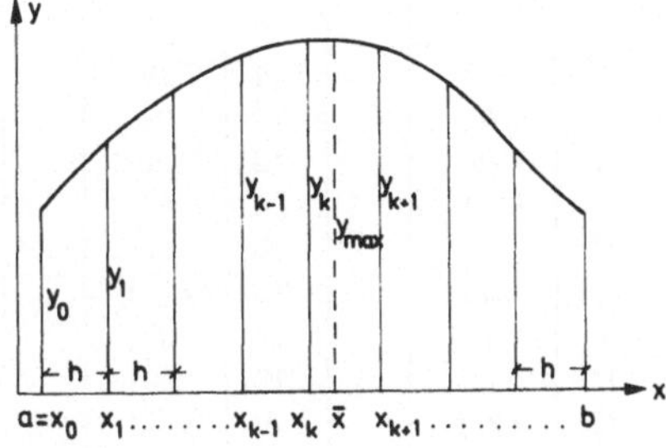

Bild 6.3.1

Gilt für eine Schrittweite h (s. Bild 6.3.1)

$$y_{k-1} \leqq y_k \quad \text{und} \quad y_{k+1} < y_k \, ,$$

so können wir mit $x_0 := x_{k-1}$ und einem kleineren h die Rechnung wiederholen, bis schließlich eine gewünschte Genauigkeit der Werte $\bar{x}$ und y_{max} erreicht worden ist. Wir legen das Programm so an, daß es nach Ermittlung von Näherungswerten für $\bar{x}$ und y_{max} nur mit $\boxed{R/S}$ für $x_0 := x_{k-1}$ und $h := \frac{h}{10}$ erneut gestartet werden kann.

Im *Flußdiagramm* haben wir mit y_{max} den jeweils berechneten y-Wert bezeichnet, wenn dieser nicht kleiner als der vorhergehende y-Wert ist. Andernfalls legen wir mit der Anweisung $x := x - 2h$ die neue Ausgangsstelle $x_0 = x_{k-1}$ und mit $h := \frac{h}{10}$ die neue Schrittweite fest.

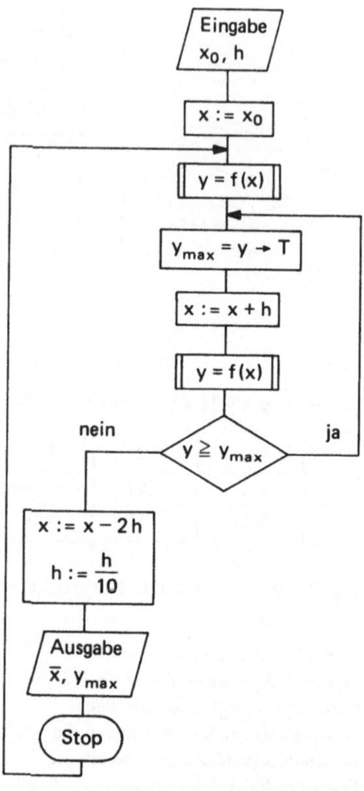

Das Programm lautet:

PSS	Taste								
00	STO	10	1	21	+/−	32	.
01	0	11	SUM	22	SUM	33	1
02	R/S	12	0	23	0	34	*PROD
03	STO	13	*subr	24	SUM	35	1
04	1	14	4	25	0	36	x ⮀ t
05	*subr	15	1	26	+/−	37	R/S
06	4	16	*x ≥ t	27	+	38	GTO
07	1	17	0	28	RCL	39	0
08	x ⮀ t	18	8	29	0	40	5
09	RCL	19	RCL	30	=	41	
		20	1	31	R/S		

<table>
<tr><td colspan="4">Maximum einer Funktion: $y_{max} = f(\bar{x})$</td></tr>
<tr><td colspan="4">

1. Programm eintasten.
2. BAR auf PSS 41 stellen.
3. Programm zur Berechnung von $y = f(x)$ eintasten (maximal 59 Programmschritte). $x = (R_0)$. Tastenfolge mit $\boxed{\text{*rtn}}$ abschließen und mit $\boxed{\text{LRN}}$ $\boxed{\text{RST}}$ in die Betriebsart RECHNEN schalten.
4. Bei Benutzung eines Druckers sind $\boxed{\text{R/S}}$ in den PSS 31 und 37 durch $\boxed{\text{*prt}}$ zu ersetzen. Die Rechnung wird manuell gestoppt, wenn die erwünschte Genauigkeit erreicht ist.

</td></tr>
</table>

Speicherplan		Eingabe	Taste	Anzeige
0	x	x	R/S	–
1	h	h	R/S	$\bar{x}$
		–	R/S	y_{max}
		–	R/S	$\bar{x}$
		…	usw.	…

Beispiel: $y = f(x) = 1,84\,x - x^2 + 1$

Tastenfolge zur Berechnung von $f(x)$:

$1.84\ \boxed{\text{x}}\ \boxed{\text{RCL}}\ 0\ \boxed{-}\ \boxed{\text{RCL}}\ 0\ \boxed{x^2}\ \boxed{+}\ 1\ \boxed{=}$

Mit $x_0 = 0$ und $h = 0,15$ gibt uns der Drucker die Tabelle 6.3.1 aus. Also (auf 4 Nachkommastellen):

$$\bar{x} = 0,9200 \quad \text{und} \quad y_{max} = 1,8464$$

Beispiel: Unter allen Flächen, die nach Bild 6.3.2 aus einem Kreis herausgeschnitten werden können, ist diejenige zu bestimmen, die einen größten Umfang besitzt.

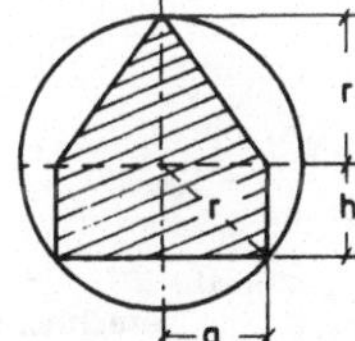

Zu berechnen sind $x = \dfrac{a}{r}$ und $y = \dfrac{h}{r}$ für U_{max}.

$U = 2a + 2h + 2\sqrt{r^2 + a^2}$ und $a^2 + h^2 = r^2$ ergeben mit $a = r\,x$

$$\frac{U}{2r} = f(x) = x + \sqrt{1 - x^2} + \sqrt{1 + x^2} \quad \text{für } 0 \leq x \leq 1.$$

Bild 6.3.2

Tastenfolge zur Berechnung von $f(x)$:

$\boxed{\text{RCL}}\ 0\ \boxed{+}\ \boxed{(}\ 1\ \boxed{-}\ \boxed{\text{RCL}}\ 0\ \boxed{x^2}\ \boxed{)}\ \boxed{*\sqrt{x}}\ \boxed{+}\ \boxed{(}\ 1\ \boxed{+}\ \boxed{\text{RCL}}$

$0\ \boxed{x^2}\ \boxed{)}\ \boxed{*\sqrt{x}}\ \boxed{=}$

Nach Eingabe dieser Tastenfolge starten wir das Programm mit $x_0 = 0$ und $h = 0,1$ und erhalten vom Drucker die Tabelle 6.3.2.

Ergebnisse: $x = \dfrac{a}{r} = 0,85519; \quad \dfrac{U_{max}}{2\,r} = 2,68931; \quad \dfrac{h}{r} = 0,51831$

(Wer übrigens diese Aufgabe mit Hilfe der Differentialrechnung über $f'(x) = 0$ lösen will, kommt auf eine Gleichung 5. Grades für x^2.)

Tabelle 6.3.1

```
        0. 9          PRT
     1. 846           PRT
        0. 915        PRT
     1. 846375        PRT
        0. 9195       PRT
     1. 84639975      PRT
        0. 91995      PRT
  1. 846399998        PRT
     0. 919995        PRT
        1. 8464       PRT
     0. 9199995       PRT
        1. 8464       PRT
  0. 92000085         PRT
        1. 8464       PRT
```

Tabelle 6.3.2

```
        0. 9          PRT
  2. 681252299        PRT
        0. 86         PRT
     2. 689233        PRT
        0. 855        PRT
  2. 68931223         PRT
        0. 8552       PRT
  2. 68931235         PRT
        0. 85519      PRT
  2. 68931235         PRT
        0. 855188     PRT
  2. 68931235         PRT
     0. 8551872       PRT
  2. 68931235         PRT
     0. 85518711      PRT
  2. 68931235         PRT
     0. 85518711      PRT
  2. 68931235         PRT
```

6.3.3. Besselsche Funktionen

In der Technik (z.B. Schwingung einer Membran, Ausbreitung von Wellen) treten *Besselsche Funktionen*[1] auf. Diese durch Differentialgleichungen definierten Funktionen lassen sich durch Potenzreihen oder bestimmte Integrale (s. 6.5.3) darstellen. Wir wollen in diesem Abschnitt die Werte der Besselschen Funktion 0-ter Ordnung berechnen:

$$I_0(x) = 1 - \frac{1}{(1!)^2} \left(\frac{x}{2}\right)^2 + \frac{1}{(2!)^2} \left(\frac{x}{2}\right)^4 - \frac{1}{(3!)^2} \left(\frac{x}{2}\right)^6 + \frac{1}{(4!)^2} \left(\frac{x}{2}\right)^8 - + \ldots$$

Schreiben wir für das n-te Glied $(n \in \mathbb{N}_0)$ der Reihe

$$a_n = \frac{(-1)^n}{(n!)^2} \left(\frac{x}{2}\right)^{2n}, \text{ so können wir } a_n \text{ rekursiv aus } a_{n-1} = \frac{(-1)^{n-1}}{((n-1)!)^2} \left(\frac{x}{2}\right)^{2(n-1)} \text{ berechnen:}$$

$$a_n = - \left(\frac{x}{2\,n}\right)^2 \cdot a_{n-1} \quad \text{und} \quad a_0 = 1.$$

---

[1] s. Smirnow: Lehrgang der Höheren Mathematik, Teil III, 2, Deutscher Verlag der Wissenschaften, 1971.

Ebenso berechnen wir die Teilsummen s_n der Reihe

$$I_0(x) = s = \sum_{k=0}^{\infty} a_k \quad \text{rekursiv:} \quad s_n = s_{n-1} + a_n \quad \text{und} \quad s_0 = 1.$$

Die Rechnung soll abgebrochen werden, wenn $|a_n| < \epsilon$ wird. Da die Reihe für $I_0(x)$ alternierend (die Glieder besitzen abwechselnde Vorzeichen) mit monoton abnehmenden Gliedern ($|a_n| < |a_{n-1}|$ für hinreichend große n) ist, haben wir damit auch $I_0(x)$ auf eine vorgegebene Genauigkeit ϵ bestimmt.

Flußdiagramm:

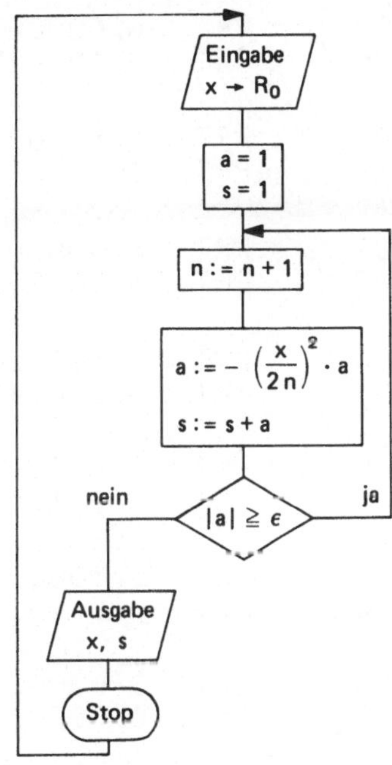

Für das folgende Programm geben wir keine Benutzeranleitung. Wir beachten nur die

Eingabe: ϵ $\boxed{\text{x} \rightleftharpoons \text{t}}$, x $\boxed{\text{R/S}}$

Danach wird $I_0(x)$ im AR angezeigt.

PSS	Taste
00	*CM$_s$
01	SUM
02	0
03	1
04	STO
05	1
06	STO
07	2
08	1

09	SUM
10	3
11	RCL
12	0
13	÷
14	2
15	÷
16	RCL
17	3
18	=

19	x²
20	+/−
21	*PROD
22	1
23	RCL
24	1
25	SUM
26	2
27	*|x|
28	*x ≥ t

29	0
30	8
31	RCL
32	0
33	R/S
34	RCL
35	2
36	R/S
37	RST

Sollen die Funktionswerte $I_0(x)$ für äquidistante x-Werte mit einer Schrittweite h berechnet werden und steht hierfür ein Drucker zur Verfügung, so ergeben sich die unten links aufgeführten Änderungen im Programm. Mit diesem Programm und $\epsilon = 0,000\,000\,1$, $x_0 = 0$ und $h = 0,5$ wurden die Werte der Tabelle 6.3.3 ermittelt.

PSS	Taste
00	*NOP
33	*prt
36	*prt
37	*pap
38	0
39	STO
40	3
41	RCL
42	4
43	RST

Eingabe:

ϵ [x ⇄ t]

h [STO] 4

x [R/S]

Tabelle 6.3.3

0.000000	PRT	5.500000	PRT
1.000000	PRT	-0.006844	PRT
0.500000	PRT	6.000000	PRT
0.938470	PRT	0.150645	PRT
1.000000	PRT	6.500000	PRT
0.765198	PRT	0.260095	PRT
1.500000	PRT	7.000000	PRT
0.511828	PRT	0.300079	PRT
2.000000	PRT	7.500000	PRT
0.223891	PRT	0.266340	PRT
2.500000	PRT	8.000000	PRT
-0.048384	PRT	0.171651	PRT
3.000000	PRT	8.500000	PRT
-0.260052	PRT	0.041939	PRT
3.500000	PRT	9.000000	PRT
-0.380128	PRT	-0.090334	PRT
4.000000	PRT	9.500000	PRT
-0.397150	PRT	-0.193929	PRT
4.500000	PRT	10.000000	PRT
-0.320543	PRT	-0.245936	PRT
5.000000	PRT		
-0.177597	PRT		

6.4. Nullstellen von Funktionen (Gleichungen)

Unter einer Nullstelle der Funktion $y = f(x)$ oder einer Wurzel (Lösung) der Gleichung $f(x) = 0$ versteht man eine Zahl $\bar{x}$, für die $f(\bar{x}) = 0$ wird. Die Bestimmung einer Nullstelle ist häufig nicht in geschlossener Form, d.h. durch formelmäßiges Auflösen nach $\bar{x}$, möglich. Man ist daher gezwungen, ein Näherungsverfahren anzuwenden, mit dem die Nullstelle beliebig genau berechnet werden kann.

Wir geben zunächst zwei einfache Beispiele für Gleichungen, die zweckmäßig mit einem
der weiter unten beschriebenen Verfahren gelöst werden.

Beispiel 1: Ein liegender Zylinder ($r = 1{,}20$ m; $l = 2{,}80$ m) wird mit $V = 4{,}5$ m^3 Oel gefüllt.
Zu bestimmen ist die Höhe h des Oelspiegels.

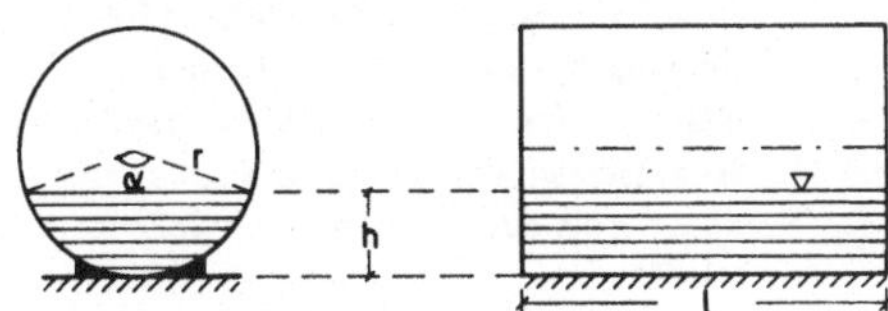

Es gilt (mit α im Bogenmaß):

$$\left(\frac{r^2}{2}\, \alpha - \frac{r^2}{2}\, \sin\alpha \right) l = V \quad \text{oder}$$

$$(1) \quad f(\alpha) = \alpha - \sin\alpha - \frac{2\,V}{r^2\, l} = 0 \quad \text{und} \quad h = r\left(1 - \cos\frac{\alpha}{2} \right) .$$

Diese (transzendente) Gleichung ist nicht formelmäßig lösbar.

Beispiel 2: Eine Kugel ($r = 246$ mm) aus Kork ($\rho = 0{,}28$ g/cm^3) schwimmt im Wasser
($\rho_w = 1{,}03$ g/cm^3). Gesucht ist die Eintauchtiefe h.

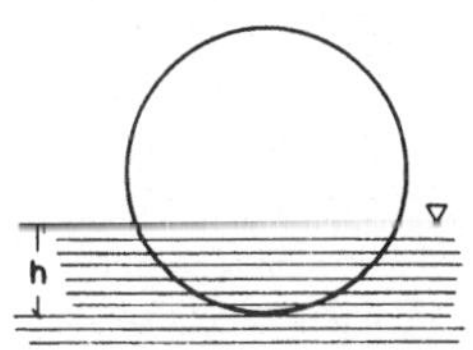

Nach dem Archimedischen Prinzip gilt:
Masse der Kugel = Masse der verdrängten
Wassermenge.
Mit den Formeln für das Volumen einer Kugel
und eines Kugelabschnitts wird

$$\rho\, \frac{4}{3}\, \pi\, r^3 = \rho_w\, \frac{\pi\, h^2}{3}\, (3\,r - h)$$

oder geordnet

$$h^3 - 3\,r\,h^2 + 4\, \frac{\rho}{\rho_w}\, r^3 = 0 .$$

Führen wir die dimensionslose Größe $x = \frac{h}{r}$ ein, so erhalten wir

$$(2) \quad f(x) = x^3 - 3\,x^2 + 4\, \frac{\rho}{\rho_w} = 0$$

Für diese kubische Gleichung gibt es zwar eine Lösungsformel (Cardanosche Formel),
doch ist diese im Aufbau so kompliziert, daß sie sich in der Praxis nicht bewährt hat.
Wir werden daher auch diese Gleichung mit einem Näherungsverfahren lösen.

6.4.1. Iterationsverfahren

Wir betrachten Gleichungen der Form

$$x = \varphi(x)$$

Die Gleichung $f(x) = 0$ läßt sich z.B. durch $x = x + c\, f(x) = \varphi(x)$ mit einer Konstanten
$c \neq 0$ oder auf andere Art stets auf die obige Form bringen.

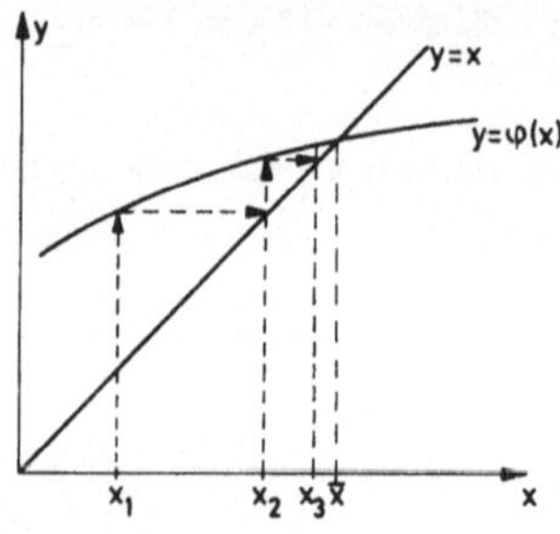

Bild 6.4.1

Graphisch können wir die Lösung der Gleichung $x = \varphi(x)$ als Abszissenwert $\bar{x}$ des Schnittpunkts der Kurven, deren Funktion $y = x$ oder $y = \varphi(x)$ lautet, deuten (s. Bild 6.4.1). Ist x_1 eine Näherung für $\bar{x}$, so wird unter gewissen Bedingungen $x_2 = \varphi(x_1)$ eine bessere Näherung für $\bar{x}$ als x_1 [1]. Wir wollen voraussetzen, daß die Folge $x_1, x_2, x_3, \ldots$, die durch die Iterationsvorschrift

$$x_{n+1} = \varphi(x_n) \qquad (n \in \mathbb{N})$$

festgelegt ist, gegen $\bar{x}$ konvergiert.

Bei der Berechnung der Folgenglieder soll solange iteriert werden, bis $|x_{n+1} - x_n| < \epsilon$ wird.

Wir wollen im Programm außerdem die Anzahl der Iterationsschritte zählen lassen.

Im *Flußdiagramm* setzen wir $x_1 := x_n$ und $x_2 := x_{n+1}$. Die Funktion $\varphi(x)$ soll über ein Unterprogramm aufgerufen werden.

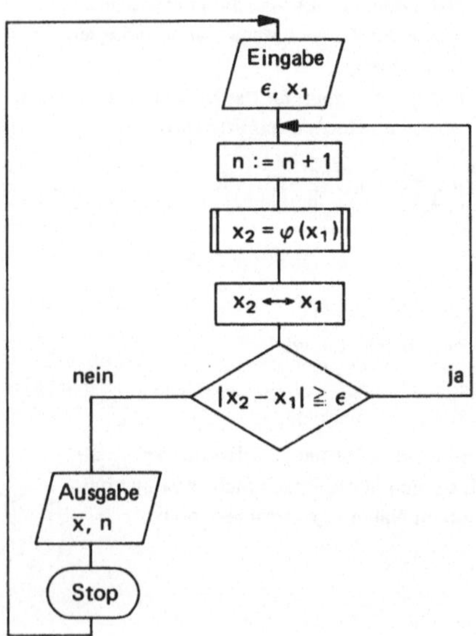

 Existenz-, Eindeutigkeits- oder Konvergenzfragen wollen wir hier nicht behandeln. Diese findet der Leser in den Büchern über numerische Mathematik.

Das Programm lautet:

PSS	Taste
00	x ▶ t
01	R/S
02	STO
03	1
04	0
05	STO
06	2

07	1
08	SUM
09	2
10	*subr
11	3
12	0
13	*EXC
14	1

15	–
16	RCL
17	1
18	=
19	*|x|
20	*x ≥ t
21	0
22	7

23	RCL
24	1
25	R/S
26	RCL
27	2
28	R/S
29	RST
30	

Auf eine Benutzeranleitung verzichten wir. Das Programm ist so kurz und überschaubar, daß jeder sehr schnell erkennt, welche Tasten bei der Eingabe für ϵ und x_1 und zur Berechnung von $\varphi(x)$ über das Unterprogramm zu betätigen sind.

Beispiel 1: Die Gleichung (1) schreiben wir

$$\alpha = \varphi(\alpha) = \sin\alpha + \frac{2V}{r^2 l}$$

$\dfrac{2V}{r^2 l} = 2{,}23214$ geben wir in den Speicher R_3.

Die Tastenfolge zur Berechnung von $\varphi(\alpha)$ lautet:

$\boxed{\text{RCL}}$ 1 $\boxed{\text{sin}}$ $\boxed{+}$ $\boxed{\text{RCL}}$ 3 $\boxed{=}$

Vor der Rechnung ist mit $\boxed{\text{*RAD}}$ auf das Bogenmaß zu schalten. Wir beginnen die Iteration mit $\alpha_1 = 1{,}8$ ($\approx 100^g$, sehr grob geschätzt) und erhalten für einige ϵ-Werte die folgenden Ergebnisse:

ϵ	α	n
0,1	2,7247	21
0,01	2,6742	42
0,001	2,6791	63
0,0001	2,6787	83
0,00001	2,6787	104

$$h = r\left(1 - \cos\frac{\alpha}{2}\right) = 0{,}925\ \text{m}$$

Das Verfahren konvergiert hier außerordentlich langsam, der Rechner benötigt eine relativ lange Rechenzeit (etwa 130 s für $\epsilon = 0{,}00001$). Aber die Durchführung der Rechnung *ohne* programmierbaren Rechner für z.B. 104 Iterationsschritte würden die meisten von uns wohl als Zumutung ansehen.

Beispiel 2: Die Gleichung (2) können wir auf sehr viele Arten auf die Form $x = \varphi(x)$ bringen. Wir wollen hier gleich das Ergebnis angeben, für das die Iterationsfolge $x_{n+1} = \varphi(x_n)$ konvergiert. Der Leser möge selbst andere ‚Auflösungen nach x' probieren, er wird sicherlich konvergente und divergente Folgen erhalten.
Wir lösen (2) nach x^2 auf und ziehen die Quadratwurzel:

$$x = \varphi(x) = \sqrt{\frac{x^3 + b}{3}} \quad \text{mit} \quad b = \frac{4\rho}{\rho_w} \to R_3.$$

Mit der Tastenfolge für $\varphi(x)$

$\boxed{\text{RCL}}$ 1 $\boxed{y^x}$ 3 $\boxed{+}$ $\boxed{\text{RCL}}$ 3 $\boxed{=}$ $\boxed{\div}$ 3 $\boxed{=}$ $\boxed{*\sqrt{x}}$

erhalten wir mit $x_1 = 1$:

ϵ	x	n
0,1	0,74560	2
0,01	0,68811	5
0,001	0,68573	7
0,0001	0,68545	9
0,00001	0,68542	11

$h = r\,x = 168,6$ mm

6.4.2. Newtonsches Verfahren

Diesem Verfahren liegt die folgende geometrische Vorstellung zugrunde (s. Bild 6.4.2). Ist x_1 eine Näherung für die gesuchte Nullstelle $\bar{x}$ der Funktion $y = f(x)$, so ersetzen wir die Kurve dieser Funktion durch ihre Tangente im Punkt $P_1(x_1, y_1)$. Der Abszissenwert des Schnittpunkts dieser Tangente mit der x-Achse wird meistens eine bessere Näherung für $\bar{x}$ als x_1 sein. Mit

$$f'(x_1) = \frac{f(x_1)}{x_1 - x_2}$$ erhalten wir die Iterationsvorschrift

$$x_2 = x_1 - \frac{f(x_1)}{f'(x_1)}$$

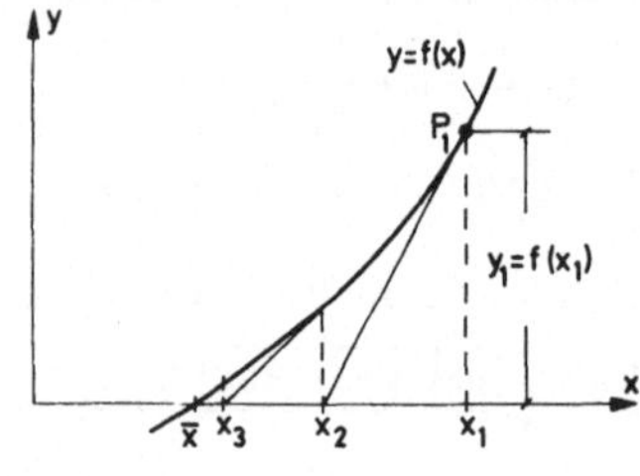

Bild 6.4.2

Wir iterieren wieder bis $|x_{n+1} - x_n| = \left| \dfrac{f(x_n)}{f'(x_n)} \right| < \epsilon$. Die Anzahl n der Iterationsschritte wollen wir ebenfalls berechnen. $f(x)$ und $f'(x)$ werden über ein Unterprogramm eingegeben.

Das Flußdiagramm für diese Aufgabe sieht ganz ähnlich wie beim Iterationsverfahren 6.4.1 aus. Wir wollen deshalb darauf verzichten, es hier aufzuzeichnen, und geben gleich das Programm an. Mit $\boxed{*\text{subr}}$ 3 3 werden $f(x)$ und $f'(x)$ berechnet und nach R_2 bzw. R_3 gespeichert.

PSS	Taste							
00	x ⇄ t	08	SUM	17	3	26	RCL
01	R/S	09	0	18	=	27	1
02	STO	10	*subr	19	+/−	28	R/S
03	1	11	3	20	SUM	29	RCL
04	0	12	3	21	1	30	0
05	STO	13	RCL	22	*|x|	31	R/S
06	0	14	2	23	*x ≥ t	32	RST
07	1	15	÷	24	0	33	
		16	RCL	25	7		

Beispiel 1: Mit

$$f(\alpha) = \alpha - \sin\alpha - \frac{2\,V}{r^2\,l} \quad \text{wird} \quad f'(\alpha) = 1 - \cos\alpha$$

Speichern wir $\frac{2\,V}{r^2\,l}$ nach R_4, so wird die Tastenfolge für das Unterprogramm zur Berechnung von $f(\alpha)$ und $f'(\alpha)$:

$\boxed{\text{RCL}}$ 1 $\boxed{-}$ $\boxed{\text{sin}}$ $\boxed{-}$ $\boxed{\text{RCL}}$ 4 $\boxed{=}$ $\boxed{\text{STO}}$ 2 1 $\boxed{-}$ $\boxed{\text{RCL}}$ 1 $\boxed{\text{cos}}$ $\boxed{=}$ $\boxed{\text{STO}}$ 3

Das Zahlenbeispiel (Tabelle 6.4.1 mit $\alpha_1 = 1,8$) zeigt eine deutliche Verbesserung der Konvergenz gegenüber dem Iterationsverfahren $x_{n+1} = \varphi(x_n)$.

Beispiel 2: Bringen wir $4\,\dfrac{\rho}{\rho_w}$ in den Speicher R_4, so erhalten wir zur Berechnung von

$$f(x) = x^3 - 3x^2 + 4\frac{\rho}{\rho_w} = x^2(x-3) + 4\frac{\rho}{\rho_w} \quad \text{und} \quad f'(x) = 3x^2 - 6x = 3x(x-2)$$

die Tastenfolge

$\boxed{\text{RCL}}$ 1 $\boxed{x^2}$ $\boxed{\times}$ $\boxed{(}$ $\boxed{\text{RCL}}$ 1 $\boxed{-}$ 3 $\boxed{)}$ $\boxed{+}$ $\boxed{\text{RCL}}$ 4 $\boxed{=}$ $\boxed{\text{STO}}$ 2 3 $\boxed{\times}$ $\boxed{\text{RCL}}$

1 $\boxed{\times}$ $\boxed{(}$ $\boxed{\text{RCL}}$ 1 $\boxed{-}$ 2 $\boxed{)}$ $\boxed{=}$ $\boxed{\text{STO}}$ 3

Ergebnisse der Rechnung (mit $x_1 = 1$) finden Sie in der Tabelle 6.4.2

Tabelle 6.4.1

ϵ	α	n
0,1	2,678693	3
0,01	2,678693	3
0,001	2,678690	4
0,0001	2,678690	4
0,00001	2,678690	4
0,0000001	2,678690	5

Tabelle 6.4.2

ϵ	x	n
0,1	0,6854519	2
0,01	0,6854154	3
0,001	0,6854154	3
0,0001	0,6854154	3
0,00001	0,6854154	4
0,0000001	0,6854154	4

6.5. Numerische Integration

Das bestimmte Integral $I = \displaystyle\int_a^b f(x)\,dx$ wird üblicherweise mit dem Hauptsatz der Differential- und Integralrechnung berechnet. Man sucht eine Stammfunktion $F(x)$ zu $f(x)$, d.h. eine Funktion mit der Eigenschaft $F'(x) = f(x)$, und erhält mit dieser

$$I = \int_a^b f(x)\,dx = F(b) - F(a) .$$

Diese Methode ist dann nicht anwendbar, wenn eine Stammfunktion nicht durch bekannte Funktionen angegeben werden kann oder die Funktion $f(x)$ nur in tabellierter Form (z.B. durch Messungen) vorliegt. Auch wenn $F(x)$ sehr schwer zu bestimmen oder nur sehr kompliziert darstellbar ist, wird man I nicht auf die obige Art ermitteln. In allen diesen Fällen hilft ein Verfahren der numerischen Integration weiter.

93

Wir können uns $I = \int\limits_a^b f(x)\, dx$ als Inhalt der Fläche zwischen der Kurve der Funktion

$y = f(x)$ und der x-Achse von $x = a$ bis $x = b$ veranschaulichen. Damit ist die Berechnung des bestimmten Integrals nichts weiter als eine Flächeninhaltsbestimmung. Wir teilen dazu

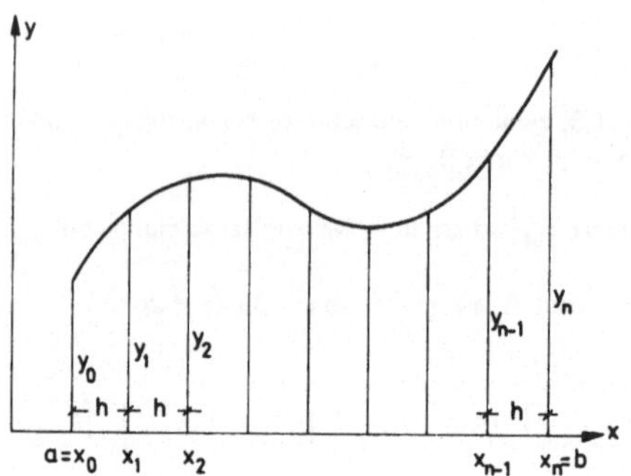

das Intervall [a, b] in n Teilintervalle der Schrittweite $h = \dfrac{b-a}{n}$ und ersetzen die Kurve durch eine einfachere, für die wir den Flächeninhalt berechnen können. Wählen wir als Ersatzkurve zwischen zwei Punkten der Kurve mit den Abszissenwerten x_{k-1}, x_k jeweils eine Gerade, so erhalten wir die **Trapezregel:**

$$\text{(T)} \quad I = \int\limits_a^b f(x)\, dx \cong A_T = \frac{h}{2}(y_0 + y_1) + \frac{h}{2}(y_1 + y_2) + \ldots + \frac{h}{2}(y_{n-1} + y_n)$$

Fassen wir je zwei Teilintervalle zusammen (hierfür muß n gerade gewählt werden) und legen jeweils durch drei Punkte mit den Abszissenwerten x_{k-1}, x_k, x_{k+1} eine Parabel, so führt dieses auf die **Simpsonregel:**

$$\text{(S)} \quad I = \int\limits_a^b f(x)\, dx \cong A_s = \frac{h}{3}(y_0 + 4y_1 + y_2) + \frac{h}{3}(y_2 + 4y_3 + y_4) + \ldots + \frac{h}{3}(y_{n-2} + 4y_{n-1} + y_n)$$

Für diese beiden numerischen Integrationsverfahren (T) und (S) werden wir Programme aufstellen.

6.5.1. Trapezregel

Die in (T) zur Bestimmung von A_T angegebene Reihe aus n Gliedern berechnen wir rekursiv. Die Multiplikation mit $\dfrac{h}{2}$ führen wir ganz zum Schluß durch:

$$s_k = s_{k-1} + (y_{k-1} + y_k) \quad \text{und} \quad A_T = \frac{h}{2} s_n \qquad (k \in \mathbb{N}_n,\ s_0 = 0)$$

Im *Flußdiagramm* ist $y_0 := y_{k-1}$ und $y_1 := y_k$ gesetzt worden. Im nächsten Intervall wird der im AR stehende Funktionswert $y_1 = y_0$. Durch den Sprung im Programm an die passende Stelle wird erreicht, daß dieser Wert erneut zu s summiert wird. Nur im letzten Intervall — dann ist $(R_0) = 0$ — wird y_1 nur einmal zu s addiert.

94

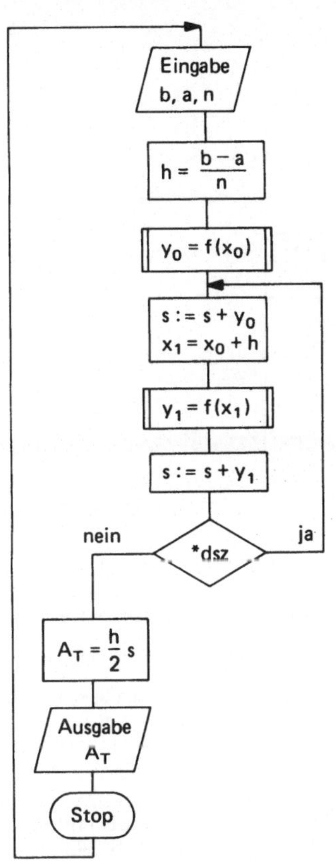

Das Programm lautet:

PSS	Taste									
00	–		10	STO		20	1		30	3
01	R/S		11	2		21	*subr		31	×
02	STO		12	*subr		22	3		32	RCL
03	1		13	3		23	9		33	2
04	=		14	9		24	SUM		34	÷
05	÷		15	SUM		25	3		35	2
06	R/S		16	3		26	*dsz		36	=
07	STO		17	RCL		27	1		37	R/S
08	0		18	2		28	5		38	RST
09	=		19	SUM		29	RCL		39	

Numerische Integration: Trapezregel			
1. Programm eintasten.			
2. BAR auf PSS 39 stellen.			
3. Programm zur Berechnung von $f(x)$ eingeben (maximal 61 Programmschritte). $x = (R_1)$. Programm mit $\boxed{*rtn}$ abschließen, mit $\boxed{LRN}$ $\boxed{RST}$ in die Betriebsart RECHNEN schalten.			

Speicherplan		Eingabe	Taste	Anzeige
0	n	b	*CM$_s$ R/S	–
1	a, x	a	R/S	–
2	h	n	R/S	A_T
3	s	b	usw.	...

Beispiele zur Trapezregel finden Sie in 6.5.3.

6.5.2. Simpsonregel

Bei der Berechnung des bestimmten Integrals nach (S) werden von den n Teilintervallen stets zwei bei der Berechnung von $\frac{h}{3}(y_{k-1} + 4y_k + y_{k+1})$ zu insgesamt $\frac{n}{2}$ Doppelintervallen zusammengefaßt. Von der geraden Zahl n ist demnach die Hälfte in den Speicher R_0 zu bringen. Wir rechnen wieder rekursiv:

$$s := s + (y_0 + 4y_1 + y_2) \quad \text{und} \quad A_T = \frac{h}{3} \cdot \text{letzter s-Wert.}$$

Auch hier ist der Endwert y_2 in einem Intervall der Anfangswert y_0 im nächsten Intervall. Dieser y-Wert braucht also nur einmal berechnet zu werden. Das Flußdiagramm sieht ähnlich aus wie bei der Trapezregel. Wir wollen daher darauf verzichten, es hier anzugeben. Der Leser möge es sich selbst aufzeichnen.

Das Programm zur Berechnung von A_S wird:

PSS	Taste
00	–
01	R/S
02	STO
03	1
04	=
05	÷
06	R/S
07	STO
08	0
09	=
10	STO
11	2
12	2
13	INV
14	*PROD
15	0
16	*subr
17	5
18	5
19	SUM
20	3
21	RCL
22	2
23	SUM
24	1
25	*subr
26	5
27	5
28	x
29	4
30	=
31	SUM
32	3
33	RCL
34	2
35	SUM
36	1
37	*subr
38	5
39	5
40	SUM
41	3
42	*dsz
43	1
44	9
45	RCL
46	3
47	x
48	RCL
49	2
50	÷
51	3
52	=
53	R/S
54	RST

Bei diesem Programm hätten wir noch zwei Programmspeicherplätze sparen können, wenn wir die Anweisungen von PSS 19 bis 27 und 31 bis 39 zu einem Unterprogramm zusammengefaßt hätten.

Die Benutzeranleitung gleicht der für die Trapezregel. Lediglich das BAR ist zur Eingabe der Funktion f(x) (maximal 45 Programmschritte) auf die PSS 55 zu stellen.

6.5.3. Beispiele

Beispiel 1: Es ist das bestimmte Integral $I = \int\limits_{1}^{3} \frac{1}{2x-1}\,dx$ mit der Trapez- und Simpson-regel zu berechnen.

Wir bringen dieses Beispiel, um die Güte der Näherungsverfahren (T) und (S) zu testen.

Wir vergleichen A_T und A_S mit dem exakten Wert $I = \frac{1}{2}\ln(2x-1)\;\Big|_{1}^{3} = \frac{1}{2}\ln 5 =$

$= 0,8047189562$ und geben in der Tabelle neben den Werten A_T und A_S für verschiedene Unterteilungen den prozentualen Fehler $\left|\frac{I-A}{I}\right|$ und die Rechenzeit an.

Die Tastenfolge zur Berechnung von f(x) lautet:

2 $\boxed{x}$ $\boxed{RCL}$ 1 $\boxed{-}$ 1 $\boxed{=}$ $\boxed{*1/x}$

n	A_T	Fehler in %	Rechen-zeit [s]	A_S	Fehler in %	Rechen-zeit [s]
2	0,9333333333	13,8	3	0,8444444444	4,9	3
6	0,8218004218	2,1	6	0,8065564066	0,23	6
10	0,8110195053	0,78	10	0,8050414970	0,040	9
20	0,8063124222	0,20	18	0,8047433945	0,003	18
100	0,8047829456	0,008	86	0,8047189986	$5,3 \cdot 10^{-6}$	82

Beispiel 2: Die Funktion f(x) sei tabellarisch gegeben:

x	0	0,1	0,2	0,3	0,4	0,5	0,6	0,7	0,8	0,9	1,0
y	0	0,08	0,32	0,65	0,94	1,25	1,44	1,28	0,96	0,61	0

Berechnet werden soll $I = \int\limits_{0}^{1} f(x)\,dx.$

Hier ist die Tastenfolge für f(x) besonders einfach: $\boxed{R/S}$. Der Rechner unterbricht seine Tätigkeit, damit wir den jeweiligen y-Wert eingeben können. Danach starten wir manuell mit $\boxed{R/S}$.

Ergebnisse: $A_T = 0,753$ und $A_s = 0,76$

Beispiel 3: Die in 6.3.3 durch eine unendliche Reihe festgelegte Besselsche Funktion $I_0(x)$ kann auch durch ein bestimmtes Integral dargestellt werden[1]:

$$I_0(x) = \int_0^1 \cos\left(x \sin\left(\pi\,\varphi\right)\right)\, d\varphi\ .$$

Hier ist φ die Integrationsveränderliche, während die Variable x als Parameter unter dem Integral auftritt. Wir wollen $I_0(x)$ für x = 0; 0,5; 1; 1,5; 2 mit der Trapez- und Simpsonregel mit n = 10 berechnen.

Mit $x \to R_9$ erhalten wir für $f(\varphi) = \cos\left(x \sin\left(\pi\,\varphi\right)\right)$ die Tastenfolge:

| *π | | x | | RCL | 1 | = | | sin | | x | | RCL | 9 | = | | cos |

Vergessen Sie nicht: Der Winkel φ ist hier im Bogenmaß einzusetzen, also *RAD !

x	A_T	A_S
0	1	1
0,5	0,9384698072	0,9384698072
1	0,7651976866	0,7651976864
1,5	0,5118276717	0,5118276619
2	0,2238907791	0,2238906114

6.6. Differentialgleichungen

In diesem Abschnitt werden wir die Anfangswertaufgabe bei gewöhnlichen Differentialgleichungen 1. Ordnung

$$y' = f(x, y) \quad \text{für} \quad x \geq x_0 \quad \text{und} \quad y(x_0) = y_0$$

behandeln. $f(x, y)$ ist eine gegebene Funktion der beiden Veränderlichen x und y, und x_0 und y_0 sind gegebene Zahlenwerte. Gesucht ist eine Funktion $y(x)$, die Lösung der Differentialgleichung $y' = f(x, y)$ ist und die Anfangsbedingung $y(x_0) = y_0$ erfüllt. Ist diese Lösungsfunktion $y(x)$ nicht in geschlossener Form auffindbar, so muß die obige Anfangswertaufgabe näherungsweise gelöst werden. Hierfür gibt es verschiedene Methoden[2], von denen wir zwei einfache angeben.

Wir bezeichnen mit y_k eine Näherung des gesuchten Funktionswertes $y(x_k) = y(x_0 + kh)$ mit der Schrittweite h und $k \in \mathbb{N}$.

6.6.1. Verbessertes Polygonzugverfahren

$y_1 \approx y(x_1) = y(x_0 + h)$ wird folgendermaßen berechnet:

$$\text{(VP)} \quad \begin{aligned} y_{1/2} &= y_0 + \frac{h}{2}\, f(x_0, y_0); & x_{1/2} &= x_0 + \frac{h}{2} \\[2mm] y_1 &= y_0 + h\, f(x_{1/2}, y_{1/2}); & x_1 &= x_{1/2} + \frac{h}{2} \end{aligned}$$

---

[1] s. Smirnow: Fußnote 6.3.3

[2] s. z. B.

Collatz: Numerische Behandlung von Differentialgleichungen, Springer 1955

Becker/Dreyer/Haacke/Nabert: Numerische Mathematik für Ingenieure, Teubner 1977

Zur Erläuterung diene Bild 6.6.1.
Die Strecke von P_0 bis $P_{1/2}$ besitzt
den Anstieg $y_0' = f(x_0, y_0) = f_0$.
Die Kurve der Funktion $y(x)$ von
x_0 bis x_1 wird ersetzt durch die
Strecke $P_0 P_1$ mit dem ‚mittleren'
Anstieg $y_{1/2}' = f(x_{1/2}, y_{1/2}) = f_{1/2}$.

Nach Bestimmung von y_1 wird im
nächsten Schritt mit den Ausgangs-
werten x_1, y_1 der Näherungswert y_2 nach derselben Vorschrift (VP) berechnet usw.

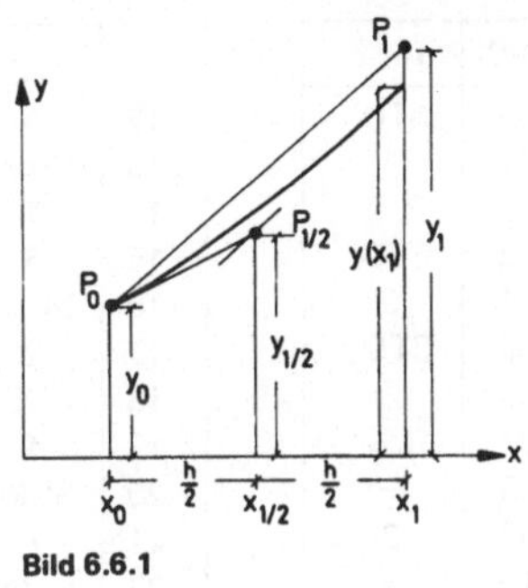

Bild 6.6.1

Das *Flußdiagramm* für den Algorithmus (VP) sieht so aus:

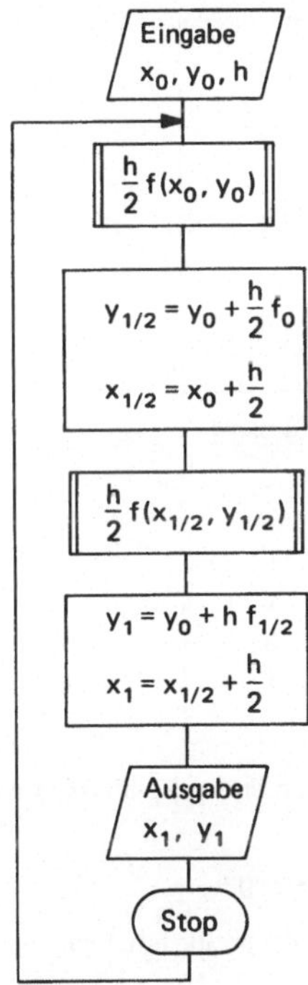

Wir lassen im Unterprogramm $\frac{h}{2} f$ statt nur f berechnen, wir sparen dadurch einige Programmspeicherplätze. Beim Aufstellen des Programms müssen wir darauf achten, daß bei
Beginn des nächsten Schritts die Werte x_1, y_1 in *den* Speichern vorgefunden werden, in
denen vorher x_0, y_0 standen.

PSS	Taste	PSS	Taste	PSS	Taste	PSS	Taste
00	STO	11	STO	23	4	35	1
01	1	12	4	24	5	36	R/S
02	R/S	13	*subr	25	×	37	RCL
03	STO	14	4	26	2	38	3
04	2	15	5	27	=	39	STO
05	STO	16	SUM	28	SUM	40	2
06	3	17	2	29	3	41	R/S
07	R/S	18	RCL	30	RCL	42	GTO
08	÷	19	4	31	4	43	1
09	2	20	SUM	32	SUM	44	3
10	=	21	1	33	1	45	
		22	*subr	34	RCL		

Benutzeranleitung:

Verbessertes Polygonzugverfahren

1. Programm eintasten.
2. BAR auf PSS 45 stellen.
3. Programm zur Berechnung von $\frac{h}{2} f(x, y)$

   (maximal 55 Programmschritte) mit $x = (R_1)$, $y = (R_2)$, $\frac{h}{2} = (R_4)$ eingeben. Mit $\boxed{*rtn}$ abschließen und mit $\boxed{LRN}$ und $\boxed{RST}$ in die Betriebsart RECHNEN schalten.

Speicherplan		Eingabe	Taste	Ausgabe
1	$x_0, x_{1/2}, x_1$	x_0	R/S	–
2	$y_0, y_{1/2}, y_1$	y_0	R/S	–
3	y_0, y_1	h	R/S	x_1
4	$h/2$	–	R/S	y_1
		–	R/S	x_2
		–	R/S	y_2
		–	usw.	...

Ein Beispiel zum verbesserten Polygonzugverfahren finden Sie im Abschnitt 6.6.3.

6.6.2. Differenzenschemaverfahren: Trapezregel

$y(x_1)$ können wir aus $y' = f(x, y)$ formal durch Integration erhalten:

$$y(x_1) = y_0 + \int_{x_0}^{x_1} f(x, y(x))\, dx .$$

Lösen wir das Integral näherungsweise mit der Trapezregel (s. 6.5), so wird

$$y(x_1) \approx y_1 = y_0 + \frac{h}{2} [f(x_0, y_0) + f(x_1, y_1)] .$$

Für y_1 erhalten wir eine Gleichung, die wir iterativ lösen:

$$\text{(DT)} \qquad \overline{y}_0 = y_0 + \frac{h}{2} f(x_0, y_0); \qquad y_{1,n+1} = \overline{y}_0 + \frac{h}{2} f(x_1, y_{1,n})$$

Als 1. Näherung setzen wir $y_{1,1} = \overline{y}_0 + \frac{h}{2} f(x_0, y_0)$. Iteriert werden soll bis $|y_{1,n+1} - y_{1,n}| < \epsilon$.

Im *Flußdiagramm* setzen wir $y_{1,1} := y_{1,n}$ und $y_{1,2} := y_{1,n+1}$:

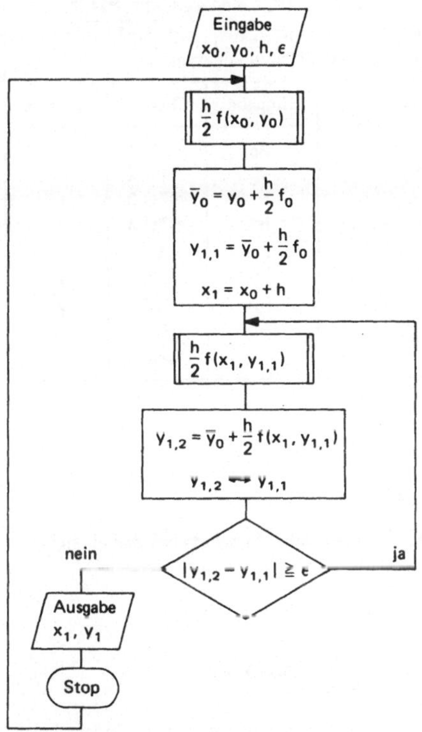

Um Programmspeicherplätze zu sparen, nehmen wir die Eingabe aus dem Programm heraus (s. Benutzeranleitung).

PSS	Taste
00	*subr
01	4
02	1
03	SUM
04	3
05	+
06	RCL
07	3
08	=
09	STO
10	2
11	RCL
12	4
13	SUM
14	1
15	*subr
16	4
17	1
18	+
19	RCL
20	3
21	=
22	*EXC
23	2
24	–
25	RCL
26	2
27	=
28	*|x|
29	*x ≥ t
30	1
31	5
32	RCL
33	1
34	R/S
35	RCL
36	2
37	STO
38	3
39	R/S
40	RST
41	

<table>
<tr><td colspan="4">Differenzenschemaverfahren: Trapezregel</td></tr>
<tr><td colspan="4">

1. Programm eintasten.
2. BAR auf PSS 41 stellen.
3. Programm zur Berechnung von $\frac{h}{2} f(x, y)$ (maximal 59 Programmschritte) mit $x = (R_1)$, $y = (R_2)$ und $h = (R_4)$ eingeben. Mit $\boxed{*rtn}$ abschließen und mit $\boxed{LRN}$ und $\boxed{RST}$ in die Betriebsart RECHNEN schalten.

</td></tr>
</table>

Speicherplan		Eingabe	Taste	Anzeige
T	ϵ	x_0	STO 1	—
1	x_0, x_1	y_0	STO 2	—
2	$y_0 \cdots y_1$	—	STO 3	—
3	$y_0, \overline{y}_0, y_1$	h	STO 4	—
4	h	ϵ	x ◄ t	—
		—	R/S	x_1
		—	R/S	y_1
		—	R/S	x_2
		—	usw.	...

6.6.3. Beispiel

Bei der Anfangswertaufgabe

$$y' = \sqrt{1 + 2y} \, (x + e^{-x}) \quad \text{für} \quad x \geq 0 \quad \text{und} \quad y(0) = \frac{3}{2}$$

vergleichen wir die nach (VP) und (DT) berechneten Näherungswerte mit denen der exakten Lösung

$$y = \frac{1}{2} \left[\left(\frac{x^2}{2} - e^{-x} + 3 \right)^2 - 1 \right]$$

und geben den prozentualen Fehler $F_k = \left(1 - \dfrac{y_k}{y(x_k)} \right) 100 \, \%$ an.

Die Tastenfolge zur Berechnung von

$$\frac{h}{2} f(x, y) = \frac{h}{2} \sqrt{1 + 2y} \, (x + e^{-x}) \quad \text{lautet:}$$

$$1 \;\boxed{+}\; 2 \;\boxed{\times}\; \boxed{RCL} \; 2 \;\boxed{=}\; \boxed{*\sqrt{x}} \;\boxed{\times}\; \boxed{(} \; \boxed{RCL} \; 1 \;\boxed{+}\; \boxed{+/-} \; \boxed{e^x} \;\boxed{)}\; \boxed{=}\; \boxed{\times}$$

$$\boxed{RCL} \; 4 \;\boxed{\div}\; 2 \;\boxed{=}$$

Die gestrichelt umrahmten Programmschritte entfallen beim verbesserten Polygonzugverfahren. Dort steht $\frac{h}{2}$ bereits im Speicher R_4.

Die Ergebnisse der Rechnungen mit der Schrittweite $h = 0,1$ sind in der folgenden Tabelle zusammengefaßt. Der Leser möge sich selbst überlegen, wie das zusätzliche Programm aussehen muß, damit neben y_k auch der exakte Wert $y(x_k)$ und der prozentuale Fehler berechnet werden kann.

x	exakte Lösung $y(x)$	verb. Polygon-zugverfahren	proz. Fehler	Diff.-schema Trapezregel	proz. Fehler
0	1,5	1,5	0	1,5	0
0,1	1,705341435	1,705190972	0,009	1,705520376	− 0,010
0,2	1,922793149	1,922467494	0,017	1,923174613	− 0,020
0,3	2,154626836	2,154100110	0,024	2,155233900	− 0,028
0,4	2,403278740	2,402523374	0,031	2,404134775	− 0,036
0,5	2,671343909	2,670330159	0,038	2,672473207	− 0,042
0,6	2,961576103	2,960271637	0,044	2,963004357	− 0,048
0,7	3,276891671	3,275261209	0,050	3,278646348	− 0,054
0,8	3,620376098	3,618381104	0,055	3,622486718	− 0,058
0,9	3,995292253	3,992890681	0,060	3,997790594	− 0,063
1,0	4,405089598	4,402235673	0,065	4,408009848	− 0,066

7. Beispiele aus der Technik

7.1. Stereostatik

7.1.1. Kräfte in der Ebene am Punkt

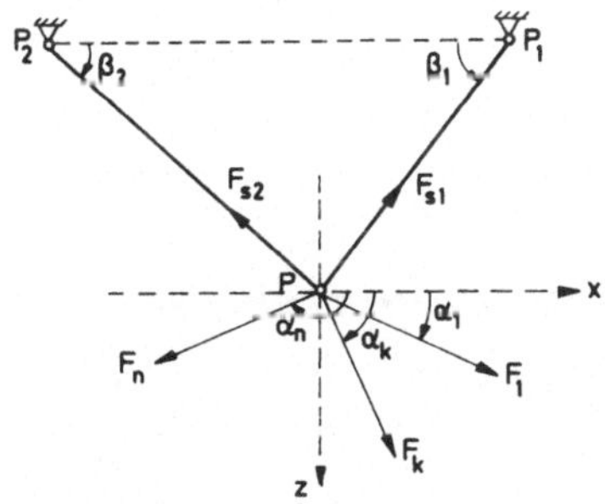

Bild 7.1.1

Zwei Stäbe sind in P gelenkig miteinander verbunden und in P_1 bzw. P_2 gelenkig befestigt (s. Bild 7.1.1). In P greifen n Kräfte $F_1, \ldots F_k, \ldots, F_n$ an, deren Wirkungslinien in der Ebene der beiden Stäbe liegen und mit der x-Achse die Winkel $\alpha_1, \ldots \alpha_k, \ldots, \alpha_n$ bilden. Die Winkel β_1, β_2 und α_k $(k \in \mathbb{N}_n)$ sollen in der eingezeichneten Pfeilrichtung positiv gezählt werden. Berechnet werden sollen die Stabkräfte F_{S1} und F_{S2} [1].

Die Gleichgewichtsbedingungen $\Sigma F_x = 0 \wedge \Sigma F_z = 0$ der Statik liefern:

$$F_{S1} \cos \beta_1 - F_{S2} \cos \beta_2 + \sum_{k=1}^{n} F_k \cos \alpha_k = 0$$

$$F_{S1} \sin \beta_1 - F_{S2} \sin \beta_2 - \sum_{k=1}^{n} F_k \sin \alpha_k = 0$$

---

[1] Der Statiker möge mir verzeihen, daß ich hier und in weiteren Abbildungen die Reaktionskräfte in den geometrischen Lageplan hineingezeichnet habe.

Hieraus können wir die Stabkräfte nach folgendem Algorithmus berechnen:

$$s_1 = \sum_{k=1}^{n} F_k \cos\alpha_k \; ; \qquad s_2 = \sum_{k=1}^{n} F_k \sin\alpha_k$$

$$F_{S1} = \frac{s_2 \cos\beta_2 - s_1 \sin\beta_2}{\sin(\beta_1 + \beta_2)} \; ; \qquad F_{S2} = \frac{F_{S1} \cos\beta_1 + s_1}{\cos\beta_2}$$

Die Summen s_1 und s_2 berechnen wir rekursiv:

$$s_{1k} = s_{1,k-1} + F_k \cos\alpha_k \; ; \qquad s_{2k} = s_{2,k-1} + F_k \sin\alpha_k$$

oder mit der Ergibt-Schreibweise:

$$s_1 := s_1 + F \cos\alpha; \qquad s_2 := s_2 + F \sin\alpha$$

Hiernach entwickeln wir das *Flußdiagramm*:

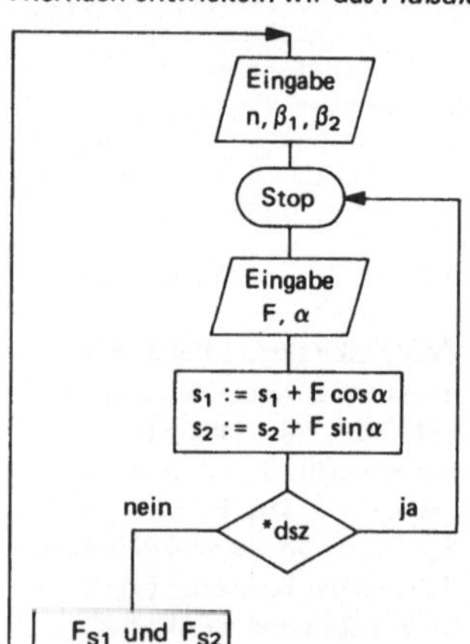

Bei Beachtung des Speicherplans in der Benutzeranleitung lautet das Programm:

PSS	Taste							
		18	SUM	37	cos	56	R/S
00	*CM$_s$	19	5	38	−	57	×
01	STO	20	RCL	39	RCL	58	RCL
02	0	21	3	40	5	59	1
03	R/S	22	×	41	×	60	cos
04	STO	23	RCL	42	RCL	61	+
05	1	24	4	43	2	62	RCL
06	R/S	25	sin	44	sin	63	5
07	STO	26	=	45	=	64	=
08	2	27	SUM	46	÷	65	÷
09	R/S	28	6	47	(	66	RCL
10	STO	29	*dsz	48	RCL	67	2
11	3	30	0	49	1	68	cos
12	×	31	9	50	+	69	=
13	R/S	32	RCL	51	RCL	70	R/S
14	STO	33	6	52	2	71	RST
15	4	34	×	53	)		
16	cos	35	RCL	54	sin		
17	=	36	2	55	=		

Berechnung von Stabkräften			
1. Programm eintasten. 2. Bei der Eingabe der Winkel Vorzeichen nach Bild 7.1.1 beachten. 3. $F_S > 0$: Zugkraft; $F_S < 0$: Druckkraft.			
Speicherplan	Eingabe	Taste	Anzeige
0 n	n	R/S	–
1 β_1	β_1	R/S	–
2 β_2	β_2	R/S	–
3 F	F_1	R/S	–
4 α	α_1	R/S	–
5 s_1	F_2	R/S	–
6 s_2	...	...	...
	α_n	R/S	F_{S1}
	–	R/S	F_{S2}

In den folgenden Beispielen dient die erste Zeile als Test.

n	β_1	β_2	F_k/kN	α_k	F_{S1}/kN	F_{S2}/kN
1	30°	30°	5	90°	5,000	5,000
1	48,6°	34,5°	8,40	60°	3,643	8,019
1	106°	32°	6,32	110°	9,239	–5,552
5	40°	30°	4,65	0°		
			3,08	45°		
			6,72	90°		
			5,62	135°		
			2,60	180°	11,358	10,634

7.1.2. Auflagerkräfte beim Balken

Ein gelenkig gelagerter Balken werde nach Bild 7.1.2 mit n Kräften belastet. Zur Berechnung der Auflagerkräfte F_B, F_{Az}, F_{Ax} wollen wir ein Programm aufstellen. Eingegeben werden n, l, Δx_k, F_k, α_k ($k \in \mathbb{N}_n$). Δx_1 wird negativ eingegeben, falls F_1 links vom Auflager A liegt. Alle weiteren Δx_k sind stets positiv. Die Vorzeichenfestsetzungen für α_k und F_k sind aus Bild 7.1.2 ersichtlich.

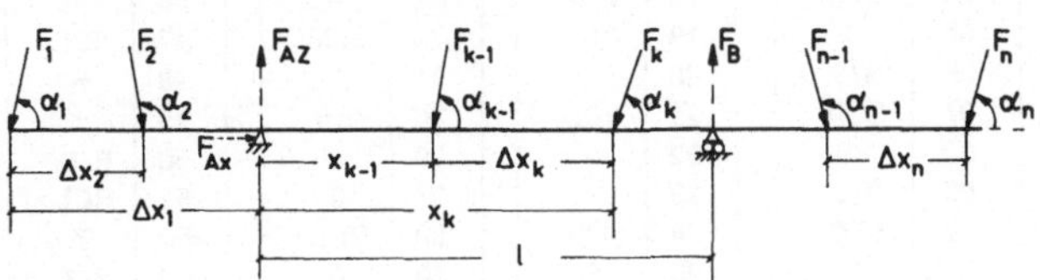

Bild 7.1.2

Aus den Gleichgewichtsbedingungen der Statik folgen:

$$x_k = x_{k-1} + \Delta x_k; \qquad F_B\, l = \sum_{k=1}^{n} F_k \sin \alpha_k\, x_k = s_2$$

$$F_{Az} = \sum_{k=1}^{n} F_k \sin \alpha_k - F_B = s_1 - F_B; \qquad F_{Ax} = \sum_{k=1}^{n} F_k \cos \alpha_k = s_3$$

Alle auftretenden Summen berechnen wir wie in 7.1.1 rekursiv.

Flußdiagramm:

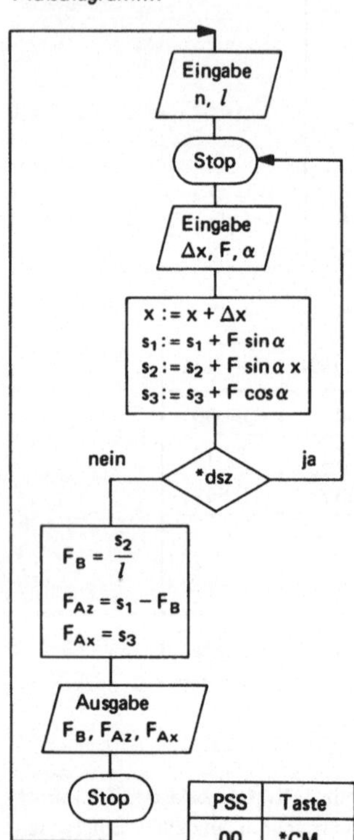

PSS	Taste
00	*CM$_s$
01	STO
02	0
03	R/S
04	STO
05	1
06	R/S
07	SUM
08	2
09	R/S
10	STO
11	3
12	×
13	R/S
14	STO
15	4
16	sin
17	=
18	SUM
19	5
20	×
21	RCL
22	2
23	=
24	SUM
25	6
26	RCL
27	3
28	×
29	RCL
30	4
31	cos
32	=
33	SUM
34	7
35	*dsz
36	0
37	6
38	RCL
39	6
40	÷
41	RCL
42	1
43	=
44	R/S
45	+/−
46	+
47	RCL
48	5
49	=
50	R/S
51	RCL
52	7
53	R/S
54	RST

Auflagerkräfte beim Balken

1. Programm eintasten.
2. Liegt F_1 links vom Auflager A, so sind Δx_1 negativ, alle weiteren Δx_k stets positiv einzugeben. Für α_k (im Gradmaß) und F_k sind die Vorzeichenfestsetzungen nach Bild 7.1.2 zu beachten.

Speicherplan		Eingabe	Taste	Anzeige
0	n	n	R/S	–
1	l	l	R/S	–
2	x	Δx_1	R/S	–
3	F	F_1	R/S	–
4	α	α_1	R/S	–
5	s_1	Δx_2	R/S	–
6	s_2	…	…	…
7	s_3	α_n	R/S	F_B
		–	R/S	F_{Az}
		–	R/S	F_{Ax}

Beispiel:

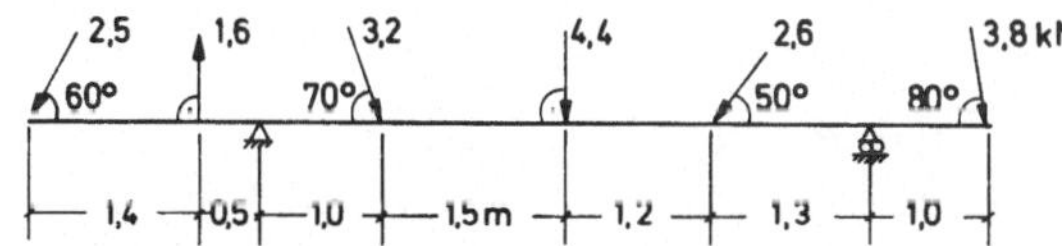

Hier werden die folgenden Zahlenwerte eingegeben:

6; 5,0; −1,9; 2,5; 60; 1,4; −1,6; 90; 1,5; 3,2; 110; 1,5; 4,4; 90; 1,2; 2,6; 50; 2,3; 3,8; 100

Ergebnisse: $F_B = 8,10\,\text{kN}$; $F_{Az} = 5,60\,\text{kN}$; $F_{Ax} = 1,17\,\text{kN}$

Für den Sonderfall, daß *alle* Kräfte *senkrecht* zur Balkenachse stehen, könnten wir im obigen Programm jedesmal $\alpha = 90°$ eingeben. Dieses werden wir sicherlich auch tun, wenn das Programm bereits im Rechner gespeichert ist. Haben wir aber öfter für diesen Sonderfall, der in der Praxis häufig vorkommt, die Auflagerkräfte zu berechnen, so empfiehlt sich die Eingabe eines einfacheren Programms. In diesem Fall gelten:

$$x_k = x_{k-1} + \Delta x_k; \quad F_B\,l = \sum_{k=1}^{n} F_k\,x_k; \quad F_{Az} = \sum_{k=1}^{n} F_k - F_B; \quad F_{Ax} = 0$$

Der Leser möge hierfür selbst ein Programm aufstellen (s. auch die Bestimmung von $M_{b\,max}$ in 7.2) und mit diesem das folgende Beispiel durchrechnen.

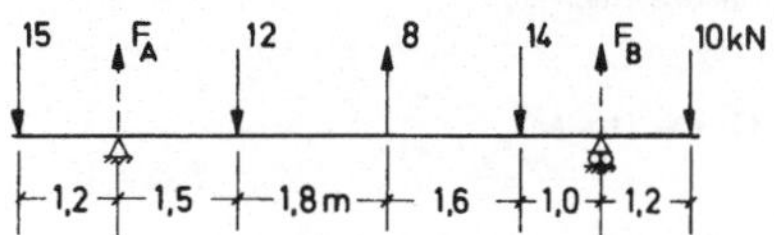

Ergebnisse:

$F_A = 23,8\ \text{kN}$
$F_B = 19,2\ \text{kN}$

7.2. Elastostatik (Festigkeitslehre)

7.2.1. Flächenmomente

Für eine Fläche, die wir uns aus n Teilflächen zusammengesetzt denken (s. Bild 7.2.1)
bezeichnet man die folgenden Größen als Flächenmomente[1] 0., 1. oder 2. Ordnung:

$$A = \sum_{k=1}^{n} A_k \qquad \text{(Flächeninhalt)}$$

$$A\,z_s = \sum_{k=1}^{n} A_k\,z_k \qquad \text{(statisches Moment der Fläche, } z_s = \text{Abstand des Schwerpunktes von der y-Achse)}$$

$$I_y = \sum_{k=1}^{n} (A_k\,z_k^2 + I_{sk}) \qquad \text{(Flächenträgheitsmoment, bezogen auf die y-Achse)}$$

$$I_s = I_y - A\,z_s^2 \qquad \text{(Flächenträgheitsmoment, bezogen auf die Schwerachse; Steinerscher Satz)}$$

Hierin bedeuten

A_k den Flächeninhalt
z_k die Schwerpunktskoordinate $\Big\}$ der k-ten Fläche
I_{sk} das Eigenflächenträgheitsmoment

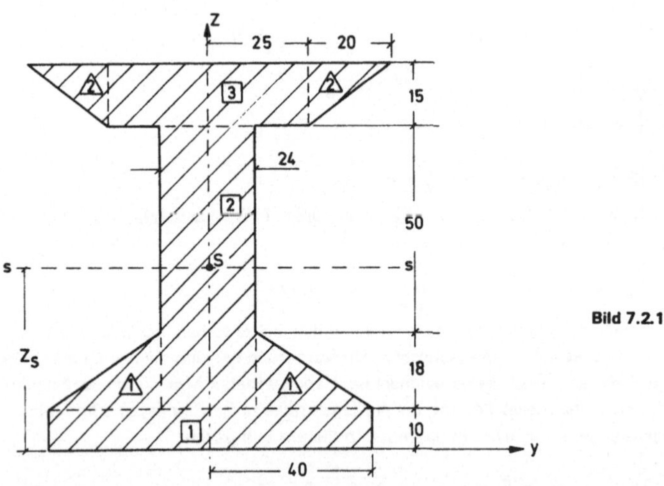

Wir wollen annehmen, die Fläche bestehe aus n_1 Rechtecken der Breite b_k und der
Höhe h_k und n_2 Dreiecken mit der Grundseite $\bar{b}_k$ und der Höhe $\bar{h}_k$ (s. Bild 7.2.1).
Hierfür gelten:

$$A_k = b_k\,h_k \quad \text{und} \quad I_{sk} = \frac{b_k\,h_k^3}{12} = \frac{A_k\,h_k^2}{12} \qquad \text{für das Rechteck,}$$

$$\bar{A}_k = \frac{1}{2}\,\bar{b}_k\,\bar{h}_k \quad \text{und} \quad I_{sk} = \frac{\bar{b}_k\,\bar{h}_k^3}{36} = \frac{\bar{A}_k\,\bar{h}_k^2}{18} \qquad \text{für das Dreieck.}$$

---

[1] s. z.B. Holzmann/Meyer/Schumpich: Technische Mechanik, Teil 3, Teubner 1975

Zusammenstellung aller Formeln ergibt:

$$A = s_1 = \sum_{k=1}^{n_1} b_k\, h_k + \frac{1}{2} \sum_{k=1}^{n_2} \bar{b}_k\, \bar{h}_k\,; \quad A\, z_s = s_2 = \sum_{k=1}^{n_1} A_k\, z_k + \sum_{k=1}^{n_2} \bar{A}_k\, \bar{z}_k\,;$$

$$I_y = s_3 = \sum_{k=1}^{n_1} \left(A_k\, z_k^2 + \frac{A_k\, h_k^2}{12} \right) + \sum_{k=1}^{n_2} \left(\bar{A}_k\, \bar{z}_k^2 + \frac{\bar{A}_k\, \bar{h}_k^2}{18} \right)\,; \quad I_s = I_y - A\, z_s^2$$

Zur Berechnung dieser Werte A, z_s, I_y, I_s schreiben wir ein Programm. Die Zahlenwerte

$$n_1, b_1, h_1, z_1, b_2, \dots, z_{n1}\,; \quad n_2, \bar{b}_1, \bar{h}_1, \bar{z}_1, \bar{b}_2, \dots, \bar{z}_{n2}$$

werden in dieser Reihenfolge eingegeben.

Flußdiagramm:

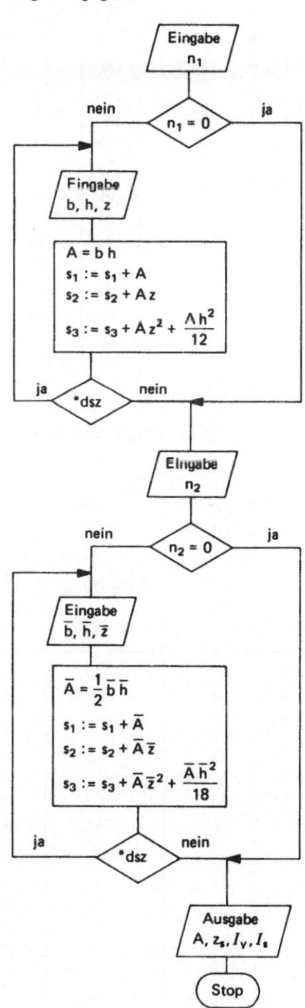

Die Berechnung der Summen in den beiden Zweigen für n_1 und n_2 weisen viele Gemeinsamkeiten auf: Von bh; $s_1 = \ldots$ bis $\ldots \overline{A}\,\overline{h}^2$ werden dieselben Programmschritte benutzt. Wir fassen sie daher zu einem Unterprogramm ($\boxed{*\text{subr}}$ 5 9) zusammen. Auf diese Weise können sehr viele (genau: 16) Programmspeicherplätze gespart werden.

PSS	Taste		PSS	Taste		PSS	Taste		PSS	Taste
00	*CM$_s$		22	3		45	R/S		68	6
01	*CP		23	8		46	x^2		69	x
02	STO		24	.		47	x		70	R/S
03	0		25	5		48	RCL		71	STO
04	*x = t		26	x		49	1		72	5
05	1		27	*subr		50	−		73	=
06	8		28	5		51	RCL		74	SUM
07	*subr		29	9		52	3		75	2
08	5		30	1		53	R/S		76	x
09	9		31	8		54	=		77	RCL
10	1		32	=		55	+/−		78	5
11	2		33	SUM		56	*NOP		79	+
12	=		34	3		57	R/S		80	RCL
13	SUM		35	*dsz		58	RST		81	6
14	3		36	2		59	R/S		82	x
15	*dsz		37	4		60	x		83	RCL
16	0		38	RCL		61	R/S		84	4
17	7		39	2		62	STO		85	x^2
18	R/S		40	÷		63	4		86	÷
19	STO		41	RCL		64	=		87	*rtn
20	0		42	1		65	SUM			
21	*x = t		43	R/S		66	1			
			44	=		67	STO			

Benutzeranleitung:

Berechnung von Flächenmomenten

1. Programm eintasten.
2. Für negative Flächenteile wird b negativ, h positiv eingegeben.
3. Bei Benutzung eines Druckers ist in die PSS 43, 45, 53, 56 die Anweisung $\boxed{*\text{prt}}$ zu setzen.

Speicherplan		Eingabe	Taste	Anzeige
0	n	n_1	R/S	−
1	s_1	b_1	R/S	−
2	s_2	h_1	R/S	−
3	s_3	z_1	R/S	−
4	h	…	…	…
5	z	z_{n1}	R/S	−
6	A_k	n_2	R/S	−
		$\overline{b}_1$	R/S	−
		…	…	…
		$\overline{z}_{n2}$	R/S	A
		−	R/S	z_s
		−	R/S	I_y
		−	R/S	I_s

Beispiel: Wir berechnen A, z_s, I_y und I_s für die in Bild 7.2.1 dargestellte Fläche. Für die Eingabe stellen wir die folgende Tabelle zusammen:

n	Fläche	b/cm	h/cm	z/cm
3	1	8	1	0,5
	2	2,4	6,8	4,4
	3	5	1,5	8,55
2	△1	5,6	1,8	1,6
	△2	4	1,5	8,8

Ergebnisse:

$A = 39,86 \quad \text{cm}^2$;

$z_s = 43,8 \quad \text{mm}$;

$I_y = 1177,7 \quad \text{cm}^4$;

$I_s = 414,7 \quad \text{cm}^4$.

7.2.2. Maximales Biegemoment

Ein an den Enden gelenkig gelagerter Balken werde nach Bild 7.2.2 mit n Kräften $F_1, \ldots, F_k, \ldots, F_n$ senkrecht zur Balkenachse belastet. Es soll ein Programm zur Ermittlung der Auflagerkräfte F_A und F_B, des maximalen Biegemoments $M_{b\,max} = |M_b|_{max}$ und der Stelle $\bar{x}$, an der $M_{b\,max}$ angenommen wird, geschrieben werden.

Ständen uns genügend viele Datenspeicher zur Verfügung, so würden wir zunächst *alle* Δx_k, F_k eingeben und *danach* die Berechnung von F_A, F_B, $\bar{x}$ und $M_{b\,max}$ durchführen lassen. Da dieses aber nicht möglich ist, werden wir zunächst F_A und F_B berechnen. Dann werden wir *erneut* Δx_k, F_k eingeben und $\bar{x}$ und $M_{b\,max}$ bestimmen.

Für die Berechnung der Auflagerkräfte haben wir bereits in 7.1.2 ein Programm aufgestellt. Für den hier vorliegenden Sonderfall wird dieses einfacher als in 7.1.2, es ist weiter unten in den PSS 00 bis 36 ohne Erläuterung angegeben. In dem ab PSS 37 folgenden Programmteil werden $\bar{x}$ und $M_{b\,max}$ ermittelt. Bei Beginn dieser Rechnung befindet sich F_A (der erste F_Q-Wert) im Speicher R_4. Für die Berechnung benutzen wir die aus Bild 7.2.2 ersichtlichen Formeln

$$F_{Qk} = F_{Q,k-1} - F_{k-1}$$

$$M_{bk} = M_{b,k-1} + F_{Qk}\,\Delta x_k$$

Das Biegemoment wird über die Querkraftfläche berechnet.

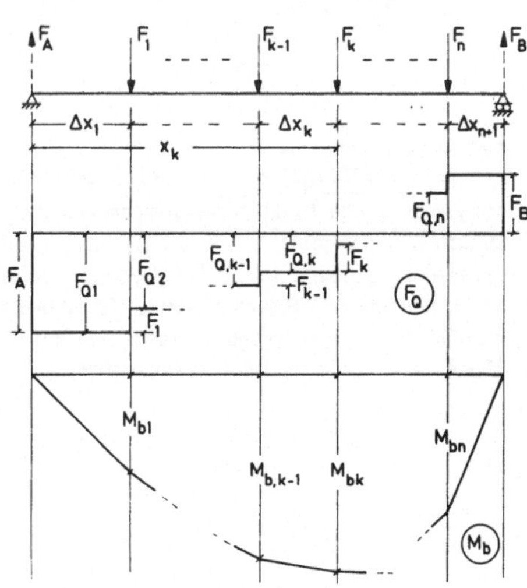

Bild 7.2.2

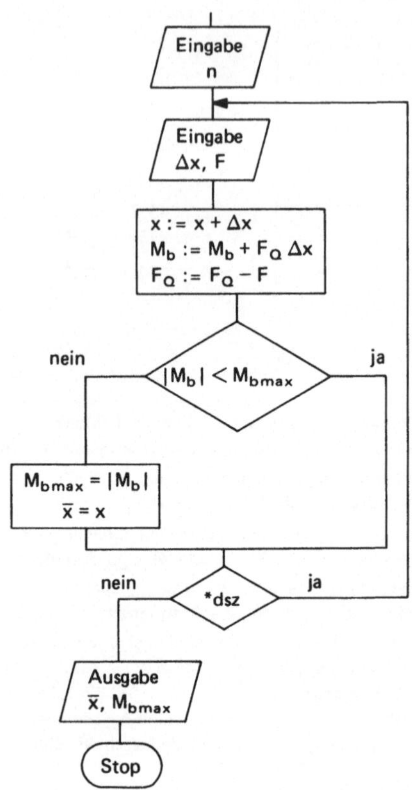

Für das Programm wird der nebenstehende Speicherplan benutzt. Mit [*CM$_s$] (PSS 33) werden nach der Berechnung von F_B und F_A alle Datenspeicher gelöscht. *Danach* wird der im AR stehende Wert $F_A = F_{Q1}$ in den Speicher R_4 gebracht. Mit [*CP] (PSS 38) wird zunächst Null in den T-Speicher gesetzt. Das ist hier zulässig, weil $|M_b|$ nicht negativ werden kann. Δx_k wird in der PSS 41 und F_k in der PSS 50 eingegeben.

Speicherplan	
T	M_{bmax}
0	n
1	x
2	ΣF
3	$\Sigma F x$
4	F_Q
5	M_b
6	$\overline{x}$

PSS	Taste
00	*CM$_s$
01	STO
02	0
03	R/S
04	SUM
05	1
06	R/S
07	SUM
08	2
09	x
10	RCL
11	1
12	=
13	SUM
14	3
15	*dsz
16	0
17	3

18	R/S
19	SUM
20	1
21	RCL
22	3
23	÷
24	RCL
25	1
26	=
27	R/S
28	–
29	RCL
30	2
31	=
32	+/–
33	*CM$_s$
34	STO
35	4
36	*NOP

37	R/S
38	*CP
39	STO
40	0
41	R/S
42	SUM
43	1
44	x
45	RCL
46	4
47	=
48	SUM
49	5
50	R/S
51	INV
52	SUM
53	4
54	RCL
55	5

56	*|x|
57	INV
58	*x $\geq$ t
59	6
60	6
61	x ◄ t
62	RCL
63	1
64	STO
65	6
66	*dsz
67	4
68	1
69	RCL
70	6
71	R/S
72	x ◄ t
73	*NOP
74	R/S

Wir verzichten auf die Angabe einer ausführlichen Benutzeranleitung.

Eingabe: n, Δx_1, F_1, Δx_2, ..., F_n, Δx_{n+1}
Ausgabe: F_B, F_A
Eingabe: n, Δx_1, F_1, Δx_2, ..., F_n
Ausgabe: $\overline{x}$, $M_{b\,max}$

Bei Benutzung eines Druckers setzen wir die Anweisung $\boxed{\text{*prt}}$ in die PSS 27, 36, 71, 73.

Beispiel:
Für die Zahlenwerte der nebenstehenden Tabelle
erhalten wir die Ergebnisse:

$F_A = 14{,}21$ kN
$F_B = 20{,}39$ kN
$\overline{x} = 4{,}9$ m
$M_{b\,max} = 34{,}59$ kN m

$\Delta x/m$	F/kN
1,4	
1,5	8,4
1,2	6,9
0,8	–10,2
1,0	9,4
1,2	11,3
1,0	8,8

7.3. Kinematik/Kinetik

7.3.1. Kurbeltrieb

Für den in Bild 7.3.1 dargestellten
Kurbeltrieb wollen wir zur Berechnung
des Weges s, der Geschwindigkeit v
und der Beschleunigung a des Kreuzkopfes K ein Programm schreiben.

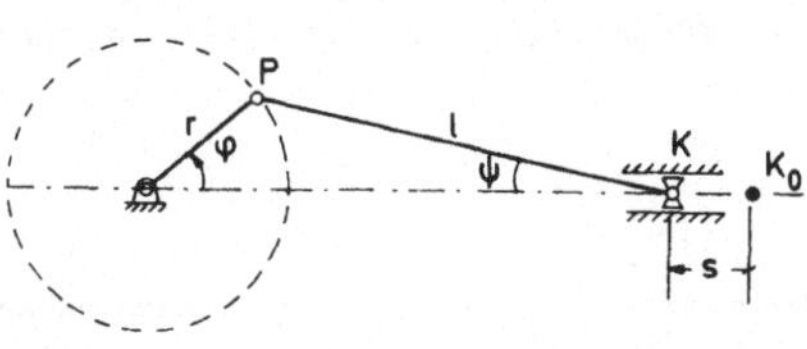

Bild 7.3.1

Den Weg s messen wir von der rechten Totlage K_0 des Kreuzkopfes. Nennen wir $\lambda = \dfrac{r}{l}$ das Verhältnis der Kurbelstange zur Schubstange, so berechnen wir für eine konstante Drehzahl n die gesuchten Größen nach folgendem Rechenschema [1]:

$$\psi = \arcsin(\lambda \sin\varphi)$$

$$\frac{s}{r} = \bar{s} = 1 + \frac{1}{\lambda} - \cos\varphi - \frac{1}{\lambda}\cos\psi$$

$$\frac{v}{r\omega} = \bar{v} = \sin\varphi + \frac{\lambda}{2}\frac{\sin 2\varphi}{\cos\psi}$$

$$\frac{a}{r\omega^2} = \bar{a} = \frac{1}{\cos\psi}\left[\cos(\varphi + \psi) + \lambda\left(\frac{\cos\varphi}{\cos\psi}\right)^2\right]$$

Hierin bedeuten $\omega = 2\pi n$ die Winkelgeschwindigkeit der Kurbelstange, $r\omega$ die Umfangsgeschwindigkeit und $r\omega^2$ die Zentripetalbeschleunigung des Gelenkpunktes P.

$\bar{s}$, $\bar{v}$, $\bar{a}$ sollen von $\varphi = 0°$ mit einer Schrittweite $\Delta\varphi$ bis $\varphi = 180°$ berechnet und mit dem zugehörigen Winkel φ über den Drucker ausgegeben werden. Nach der Ausgabe für $\varphi = 180°$ soll der Rechner selbständig stoppen.

Der wesentliche Teil des *Flußdiagramms* sieht folgendermaßen aus:

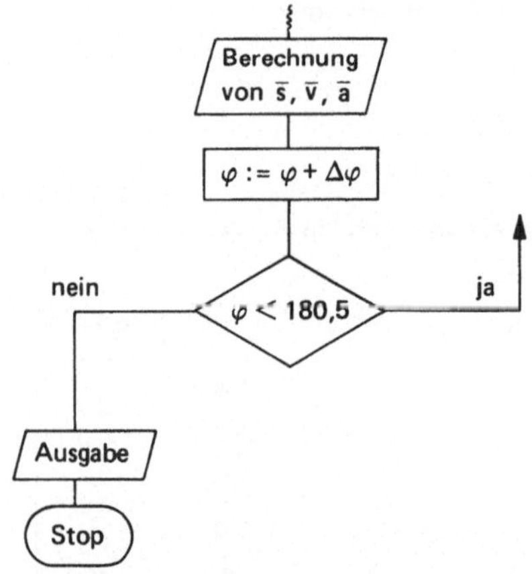

Den Vergleich haben wir mit 180,5 statt mit 180 durchgeführt, da sonst die letzten Werte für $\varphi = 180 - \Delta\varphi$ berechnet und ausgegeben werden. Die Abfrage $180 < 180$ wird verneint, dagegen $180 < 180,5$ bejaht. (Ist $\Delta\varphi \leq 0,5°$, so dürfen wir natürlich nicht 180,5 wählen. Wir gehen auf jeden Fall sicher, wenn wir den Vergleich $\varphi < 180 + \dfrac{\Delta\varphi}{2}$ durchführen.)

---

[1] Der mathematisch Interessierte möge diese Beziehungen aus der Geometrie und mit

$v = \dfrac{ds}{dt} = \dfrac{ds}{d\varphi}\omega$ und $a = \dfrac{dv}{dt} = \dfrac{dv}{d\varphi}\omega$ bestätigen.

Speicherplan	
T	180,5
0	λ
1	$\Delta\varphi$
2	φ
3	ψ
4	$\cos\psi$

Mit dem Speicherplan lautet das Programm:

PSS	Taste	PSS	Taste	PSS	Taste	PSS	Taste
00	*CM$_s$	24	+	49	×	74	)
01	STO	25	RCL	50	2	75	x^2
02	0	26	2	51	)	76	×
03	R/S	27	cos	52	sin	77	RCL
04	STO	28	−	53	÷	78	0
05	1	29	RCL	54	RCL	79	=
06	RCL	30	0	55	4	80	÷
07	2	31	*1/x	56	=	81	RCL
08	*prt	32	−	57	*prt	82	4
09	sin	33	1	58	RCL	83	=
10	×	34	=	59	2	84	*prt
11	RCL	35	+/−	60	+	85	*pap
12	0	36	*prt	61	RCL	86	RCL
13	=	37	RCL	62	3	87	1
14	INV	38	2	63	=	88	SUM
15	sin	39	sin	64	cos	89	2
16	STO	40	+	65	+	90	RCL
17	3	41	RCL	66	(	91	2
18	cos	42	0	67	RCL	92	INV
19	STO	43	÷	68	2	93	*x $\geq$ t
20	4	44	2	69	cos	94	0
21	÷	45	×	70	÷	95	6
22	RCL	46	(	71	RCL	96	R/S
23	0	47	RCL	72	3		
		48	2	73	cos		

Eingabe: 180,5 $\boxed{x \rightleftarrows t}$ λ $\boxed{R/S}$ $\Delta\varphi$ $\boxed{R/S}$

Mit $\lambda = \dfrac{1}{3,8}$ und $\Delta\varphi = 15°$ gibt uns der Drucker die Tabelle 7.3.1 (mit $\boxed{\text{*fix}}$ 5 auf 5 Nachkommastellen) für $\varphi, \bar{s}, \bar{v}, \bar{a}$ aus:

Tabelle 7.3.1

0. 00000	PRT	105. 00000	PRT
0. 00000	PRT	1. 38363	PRT
0. 00000	PRT	0. 89790	PRT
1. 26316	PRT	-0. 49320	PRT
15. 00000	PRT	120. 00000	PRT
0. 04290	PRT	1. 60000	PRT
0. 32476	PRT	0. 74899	PRT
1. 19550	PRT	-0. 63143	PRT
30. 00000	PRT	135. 00000	PRT
0. 16701	PRT	1. 77348	PRT
0. 61495	PRT	0. 57319	PRT
1. 00227	PRT	-0. 70230	PRT
45. 00000	PRT	150. 00000	PRT
0. 35926	PRT	1. 89906	PRT
0. 84102	PRT	0. 38505	PRT
0. 71191	PRT	-0. 72978	PRT
60. 00000	PRT	165. 00000	PRT
0. 60000	PRT	1. 97475	PRT
0. 98306	PRT	0. 19288	PRT
0. 36857	PRT	-0. 73635	PRT
75. 00000	PRT	180. 00000	PRT
0. 86600	PRT	2. 00000	PRT
1. 03395	PRT	0. 00000	PRT
0. 02444	PRT	-0. 73684	PRT
90. 00000	PRT		
1. 13394	PRT		
1. 00000	PRT		
-0. 27277	PRT		

7.3.2. Bahnkurve

Ein Punkt Q bewege sich nach Bild 7.3.2 auf einer Geraden g und werde von einem
Punkt P verfolgt[1]. Beide Punkte bewegen sich mit konstanter Geschwindigkeit v_P
bzw. v_Q und befinden sich zur Zeit $t = 0$ in P_0 bzw. Q_0. Bei der Verfolgung bewegt
sich P in jedem Augenblick in Richtung auf den Punkt Q. Wie lange dauert es, bis P
von Q einen Abstand besitzt, der kleiner als ϵ ist? Wo befindet sich dann der Punkt P,
und welchen Weg hat er zurückgelegt?

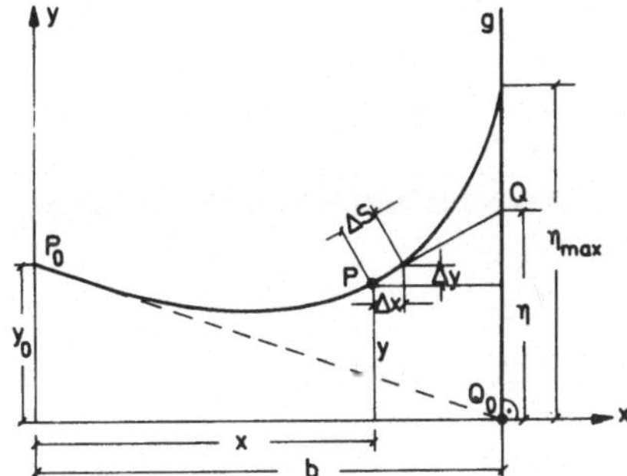

Bild 7.3.2

Wir werden das Programm so schreiben, daß es in zweierlei Form benutzt werden kann

1. Wir wollen zu jeder Zeit t die Koordinaten $x = x(t)$, $y = y(t)$ des Punktes P der Bahn-
   kurve und den Abstand $d = |PQ|$ vom Drucker ausgeben lassen.

2. Es sollen nur die Zeit t, die Koordinaten x, y, η und der von P zurückgelegte Weg s
   ausgegeben werden, sobald $d = |PQ| < \epsilon$ erreicht ist.

Zunächst zur mathematischen Formulierung des Problems. Zur Zeit t besitze P die
Koordinaten x, y und Q die Ordinate η. Der Abstand der beiden Punkte beträgt

$$d = \sqrt{(b - x)^2 + (\eta - y)^2}$$

In der Zeit Δt legt Q den Weg $\Delta \eta = v_Q \Delta t$ und P $\Delta s = v_P \Delta t$ in Richtung auf Q zurück.
Bei Anwendung des Strahlensatzes erhalten wir:

$$\Delta x = \frac{\Delta s}{d} (b - x) \quad \text{und} \quad \Delta y = \frac{\Delta s}{d} (\eta - y)$$

Die neue Position der Punkte P und Q zur Zeit $t := t + \Delta t$ wird:

$$x := x + \Delta x, \quad y := y + \Delta y, \quad \eta := \eta + \Delta \eta$$

Der von P in der Zeit t zurückgelegte Weg beträgt: $s = v_P t$.

---

[1] Wer dieses Problem lieber als „Aufgabe aus der Praxis" formuliert haben möchte, möge sich P als
Hund vorstellen, der eine Wurst Q in der Hand seines Herrn „verfolgt".

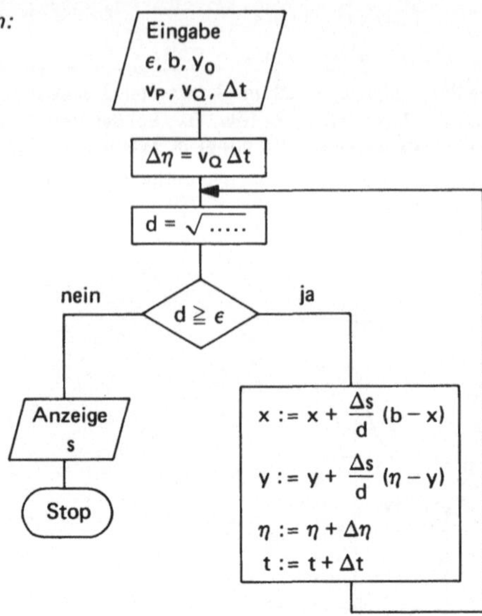

Das Programm lautet:

PSS	Taste	PSS	Taste	PSS	Taste	PSS	Taste
00	*CM$_s$	24	6	49	1	74	5
01	STO	25	*NOP	50	=	75	–
02	4	26	=	51	R/S	76	RCL
03	R/S	27	x^2	52	*1/x	77	7
04	STO	28	+	53	×	78	=
05	7	29	(	54	RCL	79	×
06	R/S	30	RCL	55	2	80	RCL
07	STO	31	5	56	×	81	8
08	2	32	–	57	RCL	82	=
09	R/S	33	RCL	58	0	83	SUM
10	STO	34	7	59	=	84	7
11	3	35	*NOP	60	STO	85	RCL
12	R/S	36	)	61	8	86	3
13	STO	37	x^2	62	×	87	SUM
14	0	38	=	63	(	88	5
15	*PROD	39	*$\sqrt{x}$	64	RCL	89	RCL
16	3	40	*NOP	65	4	90	0
17	RCL	41	*NOP	66	–	91	SUM
18	1	42	*x$\geqq$t	67	RCL	92	1
19	*NOP	43	5	68	6	93	GTO
20	RCL	44	2	69	)	94	1
21	4	45	RCL	70	=	95	7
22	–	46	2	71	SUM		
23	RCL	47	×	72	6		
		48	RCL	73	RCL		

Speicherplan		Eingabe	Taste	Anzeige
T	ϵ	ϵ	x ⇄ t	–
0	Δt	b	R/S	–
1	t	y_0	R/S	–
2	v_P	v_P	R/S	–
3	$v_Q, \Delta\eta$	v_Q	R/S	–
4	b	Δt	R/S	s
5	η	–	RCL 1	t
6	x	–	RCL 6	x
7	y_0, y	–	RCL 7	y
8	$\Delta s/d$	–	RCL 5	η

Bei Benutzung eines Druckers werden zur Ausgabe von t, x, y, d $\boxed{\text{*prt}}$ in die PSS 19, 25, 35, 40 und $\boxed{\text{*pap}}$ in die PSS 41 gegeben.

Wir führen die Rechnung durch für

$$b = 30\,\text{m}, \quad y_0 = 10\,\text{m}, \quad v_P = 12\,\text{m/s}, \quad v_Q = 6\,\text{m/s}$$

und verschiedene ϵ und Δt. Bei der Festlegung dieser Größen müssen wir
$\Delta s = v_P\,\Delta t \leq 2\epsilon$ beachten, sonst kommt das Verfahren
unter Umständen nicht zum Stillstand. Der Punkt P
wird nicht zwangsläufig in die ϵ-Umgebung des Punktes Q
gelangen, siehe nebenstehendes Bild mit $\Delta s > 2\epsilon$.

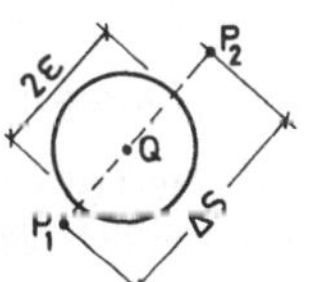

Die Bahnkurve bestimmen wir grob mit $\Delta t = 0,25\,\text{s}$ und $\epsilon = 1,5\,\text{m}$ und erhalten vom Drucker die Werte der Tabelle 7.3.2.

Hiernach ersetzen wir im Programm die Anweisung $\boxed{\text{*prt}}$ und $\boxed{\text{*pap}}$ durch $\boxed{\text{*NOP}}$ und lassen jetzt nur die Endwerte t, x, y, η, s ausrechnen:

Δt/s	ϵ/m	t/s	x/m	y/m	η/m	s/m	Rechenzeit/min
0,1	0,6	3,00	30,004	17,976	18	36	1,5
0,01	0,06	2,96	30,000	17,745	17,76	35,52	13,6
0,001	0,006	2,958	30,000	17,745	17,748	35,496	139

Aus der Angabe der Rechenzeit erkennen Sie, daß wir etwas Geduld beim Warten auf die Ergebnisse haben müssen. Aber wir können diese Zeit anderweitig nutzen, der programmierbare Taschenrechner arbeitet für uns. Beim Wert $\Delta t = 0,001$ s durchläuft der Rechner etwa 3000 mal die Schleife im Programm.

Wer übrigens das Problem exakt lösen will, muß die Lösungsfunktion einer Differentialgleichung 2. Ordnung mit Anfangsbedingungen bestimmen und erhält dann

$$y = \eta = 17{,}7485\,\text{m}; \quad t = 2{,}9581\,\text{s}; \quad s = 35{,}496\,\text{m}$$

0.000	PRT	1.250	PRT	2.500	PRT
0.000	PRT	14.631	PRT	28.292	PRT
10.000	PRT	6.988	PRT	11.917	PRT
31.623	PRT	15.378	PRT	3.525	PRT
0.250	PRT	1.500	PRT	2.750	PRT
2.846	PRT	17.629	PRT	29.746	PRT
9.051	PRT	7.088	PRT	14.541	PRT
28.184	PRT	12.518	PRT	1.975	PRT
0.500	PRT	1.750	PRT	3.000	PRT
5.736	PRT	20.594	PRT	30.132	PRT
8.248	PRT	7.546	PRT	17.516	PRT
24.825	PRT	9.859	PRT	0.502	PRT
0.750	PRT	2.000	PRT		
8.669	PRT	23.456	PRT		
7.613	PRT	8.445	PRT		
21.557	PRT	7.447	PRT		
1.000	PRT	2.250	PRT		
11.637	PRT	26.092	PRT		
7.180	PRT	9.877	PRT		
18.401	PRT	5.329	PRT		

7.3.3. Bewegung einer Rakete

Eine Rakete wird aus dem Stillstand durch den ausströmenden Treibstoff senkrecht nach oben bewegt. Gegeben:

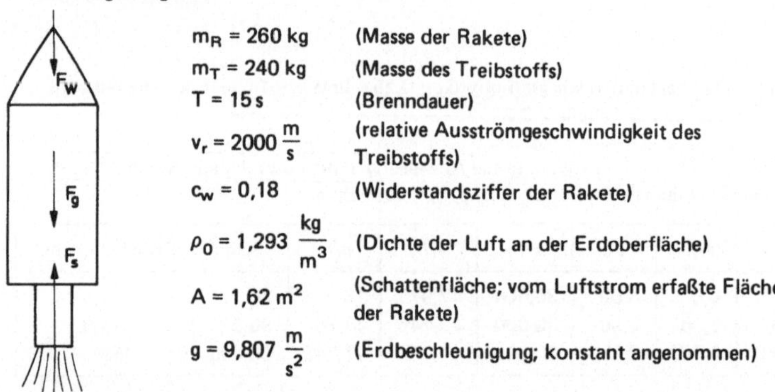

$m_R = 260\ \text{kg}$ (Masse der Rakete)

$m_T = 240\ \text{kg}$ (Masse des Treibstoffs)

$T = 15\ \text{s}$ (Brenndauer)

$v_r = 2000\ \dfrac{m}{s}$ (relative Ausströmgeschwindigkeit des Treibstoffs)

$c_w = 0{,}18$ (Widerstandsziffer der Rakete)

$\rho_0 = 1{,}293\ \dfrac{\text{kg}}{\text{m}^3}$ (Dichte der Luft an der Erdoberfläche)

$A = 1{,}62\ \text{m}^2$ (Schattenfläche; vom Luftstrom erfaßte Fläche der Rakete)

$g = 9{,}807\ \dfrac{m}{s^2}$ (Erdbeschleunigung; konstant angenommen)

Zu bestimmen sind die Geschwindigkeit $v = v(t)$ und die Höhe $h = h(t)$ für $0 \leqq t \leqq T$, insbesondere $v_e = v(T)$ und $H = h(T)$. Die Bewegungsgleichung der Rakete lautet[1]:

$$m(t)\ \frac{dv}{dt} = F_S - F_W - F_g$$

mit

Masse $\quad m = m(t) = (m_R + m_T) - \dfrac{m_T}{T}\ t = m_0 - \dot{m}\,t\,,$

---

[1] s. Szabó: Einführung in die Technische Mechanik, Springer 1975

Schubkraft $\quad F_S = m\,v_r$,

Gewichtskraft $\quad F_g = m(t)\,g$,

Widerstandskraft[1] $\quad F_W = \dfrac{c_w}{2}\,A\,\rho\,v^2 \quad$ und

Dichte[1] in der Höhe h (in m) $\quad \rho = \rho_0\,e^{-0,0001\,h}$.

Somit wird

$$\frac{dv}{dt} = \frac{F_S - c\,e^{-0,0001\,h}\,v^2}{m_0 - \dot{m}\,t} - g$$

mit $\quad m_0 = 500\ \text{kg}, \quad \dot{m} = 16\ \dfrac{\text{kg}}{\text{s}}, \quad F_S = 32\,000\ \text{N}, \quad c = \dfrac{c_w}{2}\,A\,\rho_0 = 0,1885\ \dfrac{\text{kg}}{\text{m}}$.

In dieser nicht geschlossen lösbaren Differentialgleichung ersetzen wir $\dfrac{dv}{dt}$ durch den Differenzenquotienten $\dfrac{\Delta v}{\Delta t}$ und erhalten:

$$\Delta v = \left(\frac{F_S - c\,e^{-0,0001\,h}\,v^2}{m_0 - \dot{m}\,t} - g \right)\Delta t$$

$$v(t + \Delta t) = v(t) + \Delta v$$

$$h(t + \Delta t) = h(t) + v_m\,\Delta t = h(t) + \left[v(t + \Delta t) - \frac{\Delta v}{2} \right]\Delta t \ .$$

Wir zeichnen in großen Zügen das *Flußdiagramm*:

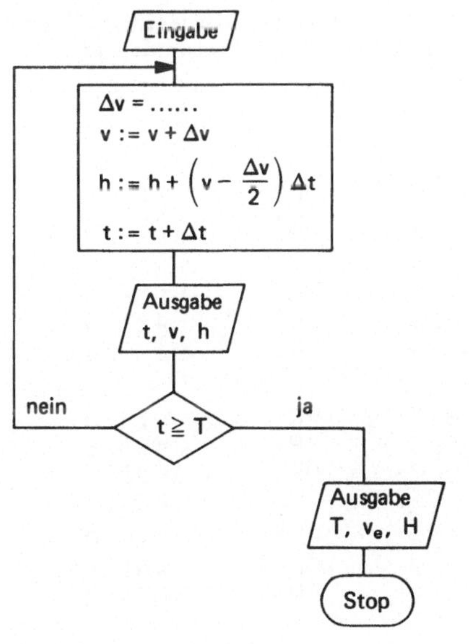

---

[1] s. Athen: Ballistik, Quelle u. Meyer 1958

Die für die Berechnungen benötigten Werte Δt, F_S, c usw. werden manuell nach obigem Speicherplan eingegeben. Als Einheit werden für die Zeit Sekunde, für Längen Meter, für Massen Kilogramm und für Kräfte Newton $(1\,N = 1\ \frac{kg\,m}{s^2})$ benutzt.

Das Programm soll so angelegt werden, daß der Rechner entweder t, v(t), h(t) als Tabelle über einen Drucker ausgibt oder nur die Endwerte T, v_e, H anzeigt.

PSS	Taste							
00	RCL	18	=	37	=	56	1
01	2	19	÷	38	SUM	57	RCL
02	−	20	(	39	8	58	1
03	RCL	21	RCL	40	+/−	59	*prt
04	3	22	4	41	÷	60	RCL
05	x	23	−	42	2	61	8
06	(	24	RCL	43	+	62	*prt
07	RCL	25	5	44	RCL	63	RCL
08	7	26	x	45	8	64	9
09	x	27	RCL	46	=	65	*prt
10	RCL	28	1	47	x	66	*pap
11	9	29	)	48	RCL	67	RCL
12	)	30	−	49	0	68	1
13	e^x	31	RCL	50	=	69	*x $\geq$ t
14	x	32	6	51	SUM	70	7
15	RCL	33	=	52	9	71	3
16	8	34	x	53	RCL	72	RST
17	x^2	35	RCL	54	0	73	R/S
		36	0	55	SUM		

In der obigen Form wird das Programm für die Ausgabe t, v, h über einen Drucker benutzt. So wurden die Werte der Tabelle 7.3.3 mit der Schrittweite $\Delta t = 1\,s$ berechnet.

Tabelle 7.3.3

1.0	PRT	6.0	PRT	11.0	PRT
54.2	PRT	296.5	PRT	411.0	PRT
27.1	PRT	946.4	PRT	2755.6	PRT
2.0	PRT	7.0	PRT	12.0	PRT
109.4	PRT	328.6	PRT	425.3	PRT
108.9	PRT	1258.9	PRT	3173.8	PRT
3.0	PRT	8.0	PRT	13.0	PRT
163.2	PRT	355.0	PRT	438.8	PRT
245.1	PRT	1600.7	PRT	3605.8	PRT
4.0	PRT	9.0	PRT	14.0	PRT
213.3	PRT	376.8	PRT	451.9	PRT
433.4	PRT	1966.6	PRT	4051.2	PRT
5.0	PRT	10.0	PRT	15.0	PRT
258.1	PRT	395.1	PRT	465.0	PRT
669.1	PRT	2352.5	PRT	4509.7	PRT

Steht kein Drucker zur Verfügung, so werden die Anweisungen $\boxed{*prt}$ durch $\boxed{R/S}$ und $\boxed{*pap}$ durch $\boxed{*NOP}$ ersetzt. Die Werte t, v, h müssen dann von der Anzeige abgeschrieben werden.

Interessieren wir uns nur für $v_e = v(T)$ und $H = h(T)$, so werden alle Drucker-Anweisungen durch $\boxed{*NOP}$ ersetzt. Wir beachten dann für die

Ausgabe: T $\boxed{RCL}$ 8 v_e $\boxed{RCL}$ 9 H

Wir haben die Berechnung von v_e und H für einige Δt durchgeführt:

$\Delta t/s$	$v_e/(m/s)$	H/m
1	465,0	4509,7
0,5	463,9	4478,4
0,1	462,9	4452,1
0,01	462,7	4446,0

7.4. Elektrotechnik

7.4.1. Spannungsteiler

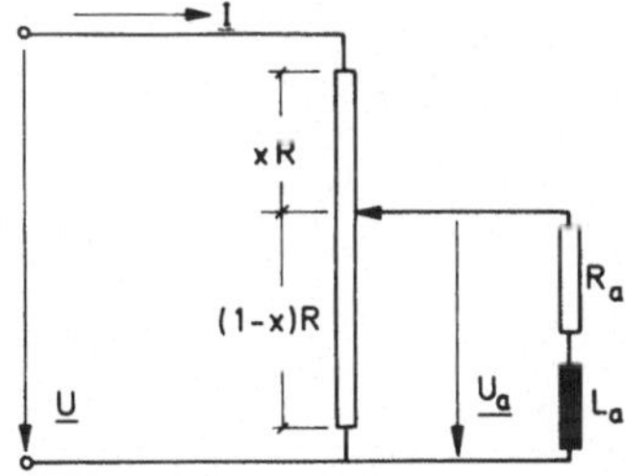

Bild 7.4.1

Für einen Spannungsteiler (Bild 7.4.1) sei der Widerstand R stetig teilbar in x R und $(1-x)R$ mit $0 \leqq x \leqq 1$. Gegeben sind:

$R = 150\,\Omega;$ $R_a = 80\,\Omega;$
$L_a = 0,24\,H;$ $f = 50\,Hz.$

Das Verhältnis $\dfrac{U_a}{U}$ und der Phasenwinkel φ zwischen den Spannungen $\underline{U}$ und $\underline{U}_a$ sollen in Abhängigkeit von x dargestellt und berechnet werden.

Nach den Gesetzen der Elektrotechnik gilt

$$\underline{U} = \underline{I} \times R + \underline{U}_a \quad \text{und} \quad \underline{U}_a = \underline{I}\,\underline{Z} \quad \text{mit} \quad \frac{1}{\underline{Z}} = \frac{1}{(1-x)\,R} + \frac{1}{R_a + j\,\omega\,L_a} \quad \text{und} \quad \omega = 2\,\pi\,f.$$

Hieraus erhalten wir nach etwas längeren algebraischen Umformungen die folgenden
Berechnungsformeln:

$$q = \frac{R_a^2 + (\omega L_a)^2}{R} \;; \quad y = x\,(1 - x)$$

$$\frac{U_a}{U} = \frac{1 - x}{\sqrt{1 + \dfrac{y}{q}\,(2\,R_a + y\,R)}}$$

$$\varphi = \arctan \frac{y\,\omega\,L_a}{q + y\,R_a}$$

Die Funktionswerte $\dfrac{U_a}{U}$ und φ (im Gradmaß) wollen wir uns tabelliert vom Drucker
von $x = 0$ bis $x = 1$ mit der Schrittweite $\Delta x = 0{,}1$ ausgeben lassen.

Flußdiagramm:

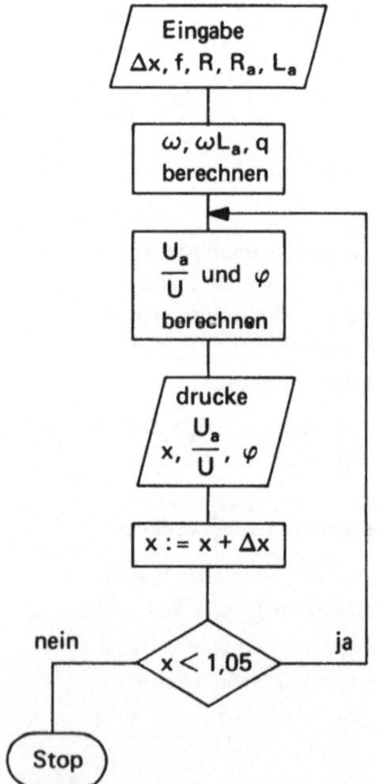

Speicherplan	
T	1.05
0	Δx
1	f, ω
2	R
3	R_a
4	L_a, ωL_a
5	q
6	x
7	$1 - x$, y

Die *Eingabe* der gegebenen Werte nehmen wir manuell vor:

$\boxed{\text{*CM}_s}$ Δx $\boxed{\text{STO}}$ 0 f $\boxed{\text{STO}}$ 1 R $\boxed{\text{STO}}$ 2 R_a $\boxed{\text{STO}}$ 3 L_a $\boxed{\text{STO}}$ 4 1.05 $\boxed{\text{x} \blacktriangleright \text{t}}$

Nach dieser Eingabe starten wir das folgende Programm:

PSS	Taste	PSS	Taste	PSS	Taste	PSS	Taste
00	2	23	5	47	2	71	5
01	x	24	1	48	x	72	+
02	*π	25	−	49	RCL	73	RCL
03	=	26	RCL	50	3	74	7
04	*PROD	27	6	51	+	75	x
05	1	28	*prt	52	RCL	76	RCL
06	RCL	29	=	53	7	77	3
07	1	30	STO	54	x	78	)
08	*PROD	31	7	55	RCL	79	=
09	4	32	÷	56	2	80	INV
10	RCL	33	(	57	)	81	tan
11	3	34	1	58	)	82	*prt
12	x^2	35	+	59	*$\sqrt{x}$	83	*pap
13	+	36	RCL	60	=	84	RCL
14	RCL	37	6	61	*prt	85	0
15	4	38	*PROD	62	RCL	86	SUM
16	x^2	39	7	63	7	87	6
17	=	40	RCL	64	x	88	RCL
18	÷	41	7	65	RCL	89	6
19	RCL	42	÷	66	4	90	INV
20	2	43	RCL	67	=	91	*$x \geq t$
21	=	44	5	68	÷	92	2
22	STO	45	x	69	(	93	4
		46	(	70	RCL	94	R/S

Steht *kein* Drucker zur Verfügung, so sind in diesem Programm die Anweisungen $\boxed{\text{*prt}}$ durch $\boxed{\text{R/S}}$ und $\boxed{\text{*pap}}$ durch $\boxed{\text{*NOP}}$ zu ersetzen.

Die Ergebnisse der Rechnung für die obigen Zahlenwerte des Spannungsteilers sind in der Tabelle 7.4.1 angegeben. In Bild 7.4.2 sind die Funktionen $\frac{U_a}{U}$ (ausgezogen) und φ (gestrichelt) in Abhängigkeit von x graphisch dargestellt.

Tabelle 7.4.1

0.000	PRT	0.400	PRT	0.800	PRT
1.000	PRT	0.477	PRT	0.171	PRT
0.000	PRT	10.281	PRT	7.362	PRT
0.100	PRT	0.500	PRT	0.900	PRT
0.824	PRT	0.394	PRT	0.092	PRT
4.421	PRT	10.616	PRT	4.421	PRT
0.200	PRT	0.600	PRT	1.000	PRT
0.685	PRT	0.318	PRT	0.000	PRT
7.362	PRT	10.281	PRT	0.000	PRT
0.300	PRT	0.700	PRT		
0.572	PRT	0.245	PRT		
9.237	PRT	9.237	PRT		

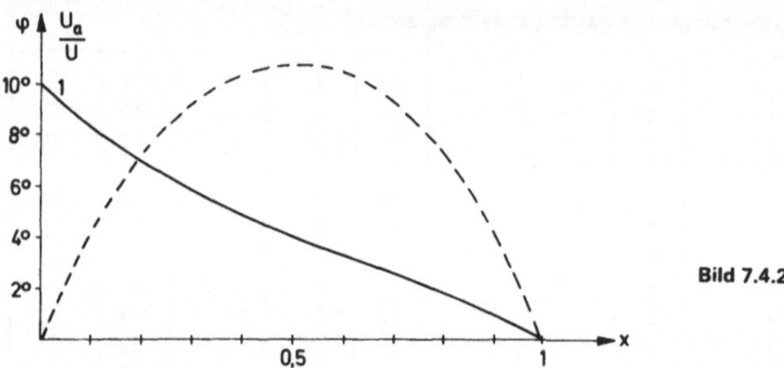

Bild 7.4.2

7.4.2. Berechnung eines Wechselstromkreises

Für den in Bild 7.4.3 dargestellten Wechselstromkreis sind gegeben: Frequenz f, Spannung U, Widerstände bzw. Induktivitäten R_0, L_0, R_1, L_1, R_2. Folgende Größen sollen berechnet werden:

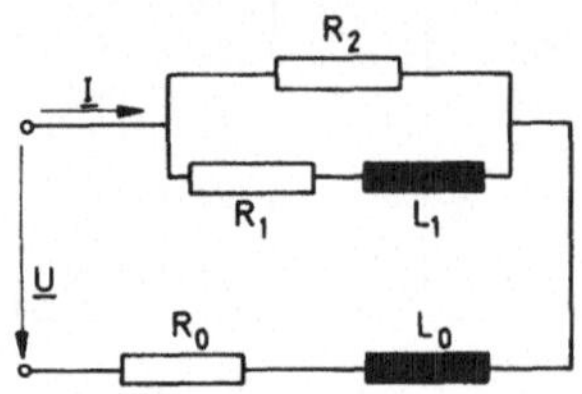

Bild 7.4.3

Ersatzwiderstand $\underline{Z} = X + jY$,

Phasenwinkel φ zwischen Spannung $\underline{U}$ und Strom $\underline{I}$,

effektive Stromstärke I.

Es gilt

$$\underline{Z} = R_0 + j\,\omega\,L_0 + \underline{Z}_p \quad \text{mit}$$

$$\frac{1}{\underline{Z}_p} = \frac{1}{R_2} + \frac{1}{R_1 + j\,\omega\,L_1} \quad \text{und}$$

$$\underline{U} = \underline{I}\,\underline{Z} = \underline{I}\,|\underline{Z}|\,e^{j\varphi}.$$

Hieraus erhalten wir nach einigen Umformungen:

$$X = R_0 + q\,[R_1\,(R_1 + R_2) + (\omega L_1)^2]$$

$$Y = \omega L_0 + q\,R_2\,\omega L_1$$

$$\varphi = \arctan \frac{Y}{X}$$

$$I = \frac{U}{X}\cos\varphi$$

$$\text{mit} \quad \omega = 2\pi f \quad \text{und} \quad q = \frac{R_2}{(R_1 + R_2)^2 + (\omega L_1)^2}$$

Wir wollen voraussetzen, daß R_1, L_1, R_2 nicht gleichzeitig Null sind. Sonst wäre $q = \frac{0}{0}$ unbestimmt, und wir müßten Verzweigungen ins Programm hineinnehmen. Auch den Fall $X = 0$ (z.B. $R_0 = R_2 = 0$) wollen wir ausschließen. Diese Fälle werden vom Rechner durch Blinken angezeigt.

Wir geben das Programm zur Berechnung der gesuchten Größen X, Y, φ, I mit ausführlichen Bemerkungen an. Die Datenregister (Speicher) bezeichnen wir hier mit S, um sie nicht mit den Widerständen R zu verwechseln.

Speicherplan	
0	ω
1	U
2	R_0
3	$\omega, \omega L_0$
4	R_1
5	$\omega, \omega L_1$
6	R_2
7	$R_1 + R_2$
8	q
9	X

126

PSS	Taste	Bemerkungen
00	*CM$_s$	$(S_n) = 0$, Eing. f
01	$\times$	
02	2	
03	$\times$	2 f
04	*π	
05	=	$\omega = 2\pi f$
06	STO	$\omega \to S_0$
07	0	
08	STO	$\omega \to S_3$
09	3	
10	STO	$\omega \to S_5$
11	5	
12	R/S	Eingabe U
13	STO	$U \to S_1$
14	1	
15	R/S	Eingabe R$_0$
16	STO	$R_0 \to S_2$
17	2	
18	R/S	Eingabe L$_0$
19	*PROD	$\omega L_0 \to S_3$
20	3	
21	R/S	Eingabe R$_1$
22	STO	$R_1 \to S_4$
23	4	
24	STO	$R_1 \to S_7$
25	7	
26	R/S	Eingabe L$_1$
27	*PROD	$\omega L_1 \to S_5$
28	5	
29	R/S	Eingabe R$_2$
30	STO	$R_2 \to S_6$
31	6	
32	SUM	$(R_1 + R_2) \to S_7$
33	7	
34	$\div$	
35	(	
36	RCL	$(R_1 + R_2) \to AR$
37	7	
38	x^2	$(R_1 + R_2)^2$
39	+	
40	RCL	$\omega L_1 \to AR$
41	5	
42	x^2	$(\omega L_1)^2$
43	)	Nenner von q
44	=	q
45	STO	$q \to S_8$
46	8	
47	$\times$	

PSS	Taste	Bemerkungen
48	(	
49	RCL	$R_1 \to AR$
50	4	
51	$\times$	
52	RCL	$(R_1 + R_2) \to AR$
53	7	
54	+	$R_1 (R_1 + R_2)$
55	RCL	$\omega L_1 \to AR$
56	5	
57	x^2	$(\omega L_1)^2$
58	)	[...]
59	+	q [...]
60	RCL	$R_0 \to AR$
61	2	
62	=	X
63	STO	$X \to S_9$
64	9	
65	R/S	Anzeige X
66	RCL	$\omega L_0 \to AR$
67	3	
68	+	
69	RCL	$q \to AR$
70	8	
71	$\times$	
72	RCL	$R_2 \to AR$
73	6	
74	$\times$	
75	RCL	$\omega L_1 \to AR$
76	5	
77	=	Y
78	R/S	Anzeige Y
79	$\div$	
80	RCL	$X \to AR$
81	9	
82	=	Y/X
83	INV	
84	tan	φ
85	R/S	Anzeige φ
86	cos	$\cos \varphi$
87	$\times$	
88	RCL	$U \to AR$
89	1	
90	$\div$	$U \cos \varphi$
91	RCL	$X \to AR$
92	9	
93	=	I
94	R/S	Anzeige I
95	RST	Sprung auf 00

Eingabe: f $\boxed{R/S}$ U $\boxed{R/S}$ R_0 $\boxed{R/S}$ L_0 $\boxed{R/S}$ R_1 $\boxed{R/S}$ L_1 $\boxed{R/S}$ R_2 $\boxed{R/S}$

Ausgabe: X $\boxed{R/S}$ Y $\boxed{R/S}$ φ $\boxed{R/S}$ I

In den folgenden Zahlenbeispielen dienen die ersten drei Zeilen zur Kontrolle des Programms.

R_0/Ω	L_0/H	R_1/Ω	L_1/H	R_2/Ω	X/Ω	Y/Ω	φ	I/A
100	0	1	bel.	0	100	0	$0°$	2,2
50	0	100	0	100	100	0	$0°$	2,2
50	$1/\pi$	bel.	bel.	0	50	100	$70{,}48°$	1,97
86	0	125	0	150	154,2	0	$0°$	1,43
110	0,45	65	0,84	120	204,4	178,0	$45{,}61°$	0,812
0	0,182	46	0,260	35	27,50	64,74	$74{,}43°$	3,13
450	2,5	300	1,8	280	660,7	853,0	$58{,}04°$	0,204
320	0	0	1,2	400	508,2	199,6	$23{,}83°$	0,403

7.4.3. Harmonische Analyse

In einem Stromkreis sei die Stromstärke i oder die Spannung u eine Funktion der Zeit: $y = f(t)$. Von dieser Funktion wollen wir die folgenden Eigenschaften (Bild 7.4.4) voraussetzen:

1. $f(t)$ sei periodisch mit der Periode T, d.h. $f(t + T) = f(t)$,
2. die Funktionswerte $y_k = f(t_k)$ seien an 12 äquidistanten Stellen $t_k = k\,\Delta t$ $(k \in \mathbb{N}_{12})$ bekannt (z.B. empirisch ermittelt).

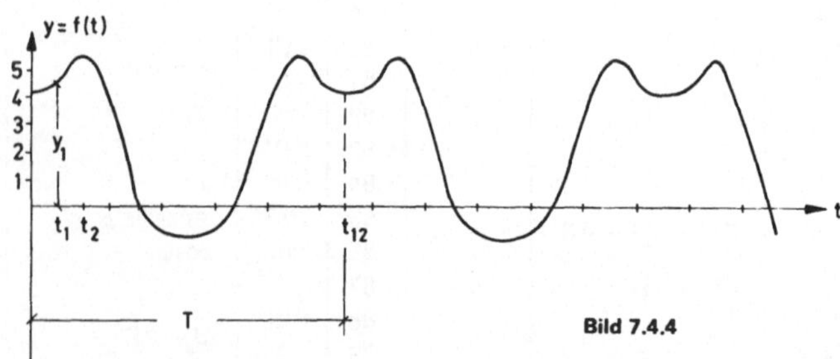

Bild 7.4.4

Die Funktion $y = f(t)$ läßt sich angenähert als Summe trigonometrischer Funktionen darstellen (mit $\omega = \frac{2\pi}{T}$):

$$y = f(t) \approx a_0 + a_1 \cos \omega t + a_2 \cos 2\omega t + \dots + a_5 \cos 5\omega t + a_6 \cos 6\omega t$$
$$+ b_1 \sin \omega t + b_2 \sin 2\omega t + \dots + b_5 \sin 5\omega t$$

Zur Berechnung der Fourier-Koeffizienten [1]

$$a_0 = \frac{1}{12} \sum_{k=1}^{12} y_k \, ; \qquad a_6 = \frac{1}{12} \sum_{k=1}^{12} y_k \cos\left(6\,k\,\frac{\pi}{6}\right)$$

$$a_n = \frac{1}{6} \sum_{k=1}^{12} y_k \cos\left(n\,k\,\frac{\pi}{6}\right) \qquad (n \in \mathbb{N}_5)$$

wollen wir ein Programm schreiben. (Das entsprechende Programm für die Koeffizienten

$$b_n = \frac{1}{6} \sum_{k=1}^{12} y_k \sin\left(n\,k\,\frac{\pi}{6}\right) \text{ möge der Leser selbst schreiben.)}$$

Mit $\alpha = k\,\dfrac{\pi}{6}$ berechnen wir die a_k rekursiv wie folgt:

$$a_0 := a_0 + \frac{1}{12}\,y\,; \qquad a_6 := a_6 + \frac{1}{12}\,y \cos(6\,\alpha)$$

$$a_n := a_n + \frac{1}{6}\,y \cos(n\,\alpha) \qquad (n \in \mathbb{N}_5)$$

Flußdiagramm:

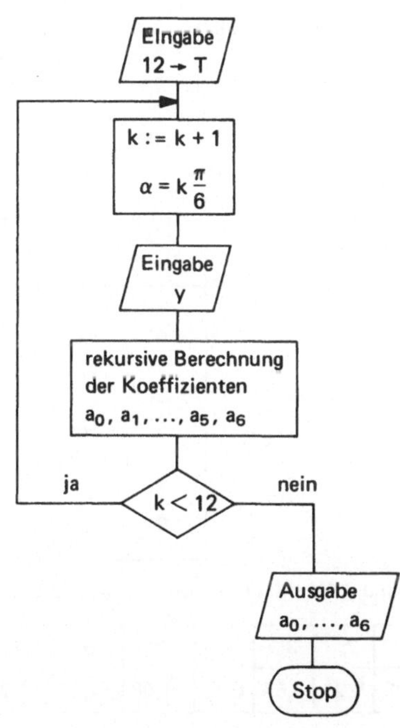

Die häufiger auftretenden Berechnungen von $\frac{1}{6}\,y \cos(n\,\alpha)$ lassen wir zum Teil in einem Unterprogramm ($\boxed{\text{*subr}}$ 72) durchführen. Die Ausgabe der Koeffizienten a_n nehmen wir nicht in das Programm hinein, wir führen sie direkt über $\boxed{\text{RCL}}$ n durch.

---

[1] s. z.B. Zurmühl: Praktische Mathematik f. Ing. u. Phys., Springer 1965

Das Programm lautet:

PSS	Taste
00	*CM$_s$
01	*RAD
02	1
03	2
04	x ⇄ t
05	1
06	SUM
07	8
08	RCL
09	8
10	×
11	*π
12	÷
13	6
14	=
15	STO
16	9
17	R/S
18	STO
19	7
20	÷

PSS	Taste
21	1
22	2
23	=
24	SUM
25	0
26	1
27	*subr
28	7
29	2
30	SUM
31	1
32	2
33	*subr
34	7
35	2
36	SUM
37	2
38	3
39	*subr
40	7
41	2
42	SUM

PSS	Taste
43	3
44	4
45	*subr
46	7
47	2
48	SUM
49	4
50	5
51	*subr
52	7
53	2
54	SUM
55	5
56	6
57	*subr
58	7
59	2
60	÷
61	2
62	=
63	SUM
64	6

PSS	Taste
65	RCL
66	8
67	INV
68	*x ≥ t
69	0
70	5
71	R/S
72	×
73	RCL
74	9
75	=
76	cos
77	×
78	RCL
79	7
80	÷
81	6
82	=
83	*rtn

Benutzeranleitung:

Harmonische Analyse: Berechnung der a_n				
Speicherplan		Eingabe	Taste	Anzeige
T	12	–	R/S	1
0	a_0	y_1	R/S	2
1	a_1	y_2	R/S	3
...	...	y_3	...	...
6	a_6	...	...	12
7	y	y_{12}	R/S	13
8	k	–	RCL n	a_n
9	$k\frac{\pi}{6}$			

Für die in Bild 7.4.4 skizzierte Funktion seien die folgenden Funktionswerte gemessen:

k	1	2	3	4	5	6	7	8	9	10	11	12
y_k	4,46	5,21	3,64	0,14	−1,08	−1,24	−1,08	0,14	3,64	5,21	4,46	4,10

Wir haben es hier mit einer geraden Funktion zu tun, d.h. $f(-t) = f(t) = f(T-t)$, daher sind die Koeffizienten $b_n = 0$. Für die a_n erhalten wir mit dem obigen Programm:

n	0	1	2	3	4	5	6
a_n	2,300	3,334	−1,065	−0,800	0,235	0,136	−0,040

8. Anhang

8.1. Tastenkode-Tabelle

Kode	Taste	Kode	Taste	Kode	Taste	Kode	Taste
00	0	19	*10^x	38	*CM$_s$	54	÷
01	1	20	*1/x	39	*EXC	56	*CP
02	2	22	GTO	40	*$\sqrt[x]{y}$	57	*subr
03	3	23	sin	41	R/S	58	*rtn
04	4	24	cos	42	RST	59	*pause
05	5	25	tan	43	x^2	64	×
06	6	27	*dsz	44	EE	69	*π
07	/	28	*|x|	45	y^x	74	−
08	8	29	*Int	46	*NOP	79	*RAD
09	9	30	*Prod	47	*x $\geq$ t	84	+
10	*CLR	32	x $\blacktriangleright$ t	48	*$\sqrt{x}$	92	·
12	INV	33	STO	49	*fix	93	+/−
13	lnx	34	RCL	51	CE	94	=
14	e^x	35	SUM	52	(	97	*prt
15	CLR	37	*x = t	53	)	98	*pap
18	*log						

8.2. Lösungen der Übungsaufgaben

Abschnitt 1.

1.1. a) 0,7957844716   b) −0,2038504417

c) 4767,18188   d) 0,0211319338

e) −7,849286163 · 10^{15} f) 0,0814529369

g) 2,994679658   h) 1,975195403

1.2. a) 2   b) 9   c) 1

1.3. $s_1 = 6$, $s_2 = 84$, p = 4096, q = 1, r = 2016

1.4. $A_M = 443{,}9 \ dm^2$, $A = 709{,}8 \ dm^2$, $V = 4360{,}8 \ dm^3$

Abschnitt 2.

2.1.

PSS	Taste
00	STO
01	1
02	x^2
03	×
04	*π
05	÷
06	4
07	=

08	R/S
09	×
10	RCL
11	1
12	÷
13	8
14	=
15	R/S
16	×

17	RCL
18	1
19	÷
20	2
21	=
22	R/S
23	.
24	5
25	SUM

26	1
27	RCL
28	1
29	GTO
30	0
31	2

d/mm	20	25	30	35	40	45	50
A/cm^2	3,14	4,91	7,07	9,62	12,57	15,90	19,63
W/cm^3	0,785	1,53	2,65	4,21	6,28	8,95	12,27
I/cm^4	0,785	1,92	3,98	7,37	12,57	20,13	30,68

2.2.

PSS	Taste
00	STO
01	1
02	R/S
03	STO
04	2
05	R/S
06	STO
07	3

08	cos
09	×
10	RCL
11	1
12	×
13	RCL
14	2
15	×
16	2

17	=
18	+/−
19	+
20	RCL
21	1
22	x^2
23	+
24	RCL
25	2

26	x^2
27	=
28	*$\sqrt{x}$
29	R/S
30	GTO
31	0
32	6

γ	17,8°	48,9°	81,0°	104,7°	126,5°	146,1°
c/cm	23,2	42,5	63,0	75,7	84,9	90,6

2.3.

PSS	Taste
00	STO
01	1
02	R/S
03	STO
04	2

05	×
06	2
07	+
08	RCL
09	1
10	÷

11	RCL
12	2
13	x^2
14	=
15	÷
16	3

17	=
18	GTO
19	0
20	2

2.4.

PSS	Taste	PSS	Taste	PSS	Taste	PSS	Taste
00	STO	10	+	21	=	32	=
01	0	11	1	22	×	33	×
02	R/S	12	=	23	RCL	34	RCL
03	STO	13	STO	24	2	35	0
04	1	14	2	25	÷	36	=
05	R/S	15	y^x	26	(	37	GTO
06	÷	16	RCL	27	RCL	38	0
07	1	17	1	28	2	39	5
08	0	18	=	29	−		
09	0	19	−	30	1		
		20	1	31	)		

Ergebnisse für $n = 6$:

p	5,0	5,25	5,5	5,75	6,0	6,25	6,5
K_6	7142,01	7204,20	7266,89	7330,11	7393,84	7458,09	7522,87

2.5.

PSS	Taste	PSS	Taste	PSS	Taste	PSS	Taste
00	STO	09	RCL	19	3	29	=
01	1	10	1	20	−	30	R/S
02	R/S	11	−	21	RCL	31	RCL
03	STO	12	RCL	22	2	32	3
04	2	13	2	23	=	33	+/−
05	R/S	14	x^2	24	÷	34	GTO
06	×	15	=	25	2	35	2
07	4	16	+/−	26	÷	36	0
08	×	17	$^*\sqrt{x}$	27	RCL		
		18	STO	28	1		

Ergebnisse (auf 4 Nachkommastellen):

x_1	3	2	− 0,3395	27,1146	0,0394
x_2	− 2	0,3333	− 4,8721	4,1454	− 0,0853

2.6.

PSS	Taste	PSS	Taste	PSS	Taste	PSS	Taste
00	STO	09	5	19	+/−	29	RCL
01	1	10	SUM	20	e^x	30	4
02	R/S	11	4	21	×	31	)
03	STO	12	RCL	22	RCL	32	sin
04	2	13	4	23	1	33	=
05	R/S	14	R/S	24	×	34	R/S
06	STO	15	×	25	(	35	GTO
07	3	16	RCL	26	RCL	36	0
08	.	17	2	27	3	37	8
		18	=	28	×		

t/s	0	0,5	1,0	1,5	2,0	2,5	3,0	3,5
y/mm	0	15,995	20,468	13,096	0,000	−10,722	−13,720	−8,778

4,0	4,5	5,0	5,5	6,0	6,5	7,0	7,5	8,0
0,000	7,187	9,197	5,884	0,000	−4,818	−6,165	−3,944	0,000

2.7. Berechnet wird $a + \sqrt{b^2 + 1} - \dfrac{2ab}{a+b}$

Abschnitt 3.

3.1.

PSS	Taste								
00	2	07	5	15	x	23	1
01	x ⇄ t	08	x^2	16	2	24	+
02	R/S	09	÷	17	−	25	1
03	STO	10	4	18	1	26	)
04	1	11	=	19	=	27	=
05	*x ≥ t	12	GTO	20	÷	28	GTO
06	1	13	0	21	(	29	0
		14	2	22	RCL	30	2

x	0,5	4	1	2	0	3
y	0,0625	1,4	0,25	1	0	1,25

3.2.

PSS	Taste						
00	*CM$_s$	11	2	23	3	35	x
01	STO	12	=	24	R/S	36	RCL
02	0	13	x	25	*$\sqrt{x}$	37	3
03	STO	14	R/S	26	+	38	÷
04	1	15	x^2	27	RCL	39	(
05	R/S	16	=	28	2	40	1
06	STO	17	SUM	29	x^2	41	+
07	2	18	3	30	=	42	RCL
08	R/S	19	*dsz	31	*$\sqrt{x}$	43	1
09	+	20	0	32	R/S	44	)
10	RCL	21	8	33	RCL	45	=
		22	RCL	34	2	46	R/S

Ergebnisse:

s = 335,07;   r = 4,6813;   p = 90,947;

3.3.

PSS	Taste		PSS	Taste		PSS	Taste		PSS	Taste
00	$^*CM_s$		08	2		17	$\div$		26	1
01	STO		09	3		18	(		27	*dsz
02	1		10	$\div$		19	RCL		28	0
03	R/S		11	RCL		20	2		29	6
04	STO		12	1		21	+		30	R/S
05	0		13	+		22	1		31	RST
06	1		14	RCL		23	)			
07	SUM		15	1		24	=			
			16	$^*\sqrt{x}$		25	STO			

	$a_0 = 1$	$a_0 = 2$	$a_0 = 10$
n = 5	2,093889697	1,880055440	1,794906931
n = 20	1,709365334	1,753945899	1,773801058
n = 100	1,729532890	1,737022586	1,726333027

3.4 a

PSS	Taste		PSS	Taste		PSS	Taste		PSS	Taste
00	$^*CM_s$		10	1		21	1		32	0
01	x ◢ t		11	SUM		22	)		33	6
02	1		12	0		23	=		34	RCL
03	+/−		13	4		24	$\times$		35	2
04	STO		14	$\div$		25	RCL		36	R/S
05	1		15	(		26	1		37	RCL
06	1		16	2		27	=		38	0
07	+/−		17	$\times$		28	SUM		39	R/S
08	*PROD		18	RCL		29	2		40	RST
09	1		19	0		30	$^*|x|$			
			20	−		31	$^*x \geq t$			

3.4 b

PSS	Taste		PSS	Taste		PSS	Taste		PSS	Taste
00	$^*CM_s$		12	$\times$		25	1		38	3
01	x ◢ t		13	2		26	)		39	$^*x \geq t$
02	3		14	−		27	$\div$		40	0
03	STO		15	1		28	RCL		41	7
04	2		16	=		29	1		42	RCL
05	STO		17	x^2		30	$\div$		43	3
06	3		18	$\div$		31	8		44	R/S
07	1		19	(		32	=		45	RCL
08	SUM		20	2		33	*PROD		46	1
09	1		21	$\times$		34	2		47	R/S
10	RCL		22	RCL		35	RCL		48	RST
11	1		23	1		36	2			
			24	+		37	SUM			

	ϵ	s	n
3.4 a	0,01	3,146567747	201
3.4 b	0,000001	3,141592511	8

3.5.

PSS	Taste
00	*CM$_s$
01	STO
02	0
03	STO
04	1
05	R/S
06	STO
07	2
08	x ◢ t
09	R/S
10	STO
11	3
12	x ◢ t

13	*x $\geq$ t
14	2
15	0
16	x ◢ t
17	GTO
18	3
19	8
20	x ◢ t
21	x^2
22	+
23	2
24	·
25	1
26	=

27	÷
28	(
29	·
30	8
31	+
32	RCL
33	3
34	)
35	=
36	SUM
37	4
38	RCL
39	4
40	*dsz

41	0
42	9
43	R/S
44	*$\sqrt{x}$
45	+
46	RCL
47	2
48	=
49	÷
50	RCL
51	1
52	=
53	R/S
54	RST

m	1	2	3	4	5	6
s$_m$	0	2,785	4,657	4,657	7,994	11,030

c = 1,137

3.6. Berechnet wird $s = \sum_{k=1}^{n} (2n-1)^2$

Abschnitt 4.

4.1.

PSS	Taste
00	*CM$_s$
01	STO
02	0
03	1
04	SUM
05	1

06	*subr
07	2
08	4
09	x^2
10	÷
11	2
12	+

13	1
14	=
15	SUM
16	2
17	*dsz
18	0
19	3

20	RCL
21	2
22	R/S
23	RST
24	

s$_{12}$ = 6,2039

4.2.

PSS	Taste
00	*CM$_s$
01	STO
02	1
03	R/S
04	STO
05	2
06	*subr
07	5
08	8
09	×
10	2
11	=
12	SUM
13	3
14	1
15	SUM
16	1

PSS	Taste
17	*subr
18	5
19	8
20	STO
21	5
22	÷
23	3
24	=
25	SUM
26	3
27	1
28	SUM
29	2
30	*subr
31	5
32	8
33	SUM
34	4

PSS	Taste
35	1
36	+
37	RCL
38	5
39	=
40	ln x
41	SUM
42	4
43	RCL
44	3
45	STO
46	1
47	R/S
48	RCL
49	4
50	STO
51	2
52	R/S

PSS	Taste
53	*subr
54	5
55	8
56	R/S
57	RST
58	RCL
59	1
60	x^2
61	+
62	RCL
63	2
64	x^2
65	=
66	*$\sqrt{x}$
67	*rtn

z_1	0,333	2,471	3,162	7,366	10,530	2,230
z_2	2,107	3,117	2,693	5,980	6,242	2,464
z_3	2,134	3,978	4,153	9,488	12,241	3,323

4.3.

PSS	Taste
00	*CM$_s$
01	STO
02	0
03	STO
04	1
05	1
06	SUM
07	2
08	*subr
09	4
10	4

PSS	Taste
11	×
12	(
13	1
14	+
15	*subr
16	7
17	2
18	÷
19	RCL
20	1
21	)
22	=

PSS	Taste
23	SUM
24	3
25	*dsz
26	0
27	5
28	RCL
29	3
30	R/S
31	÷
32	RCL
33	1
34	÷

PSS	Taste
35	(
36	RCL
37	1
38	+
39	1
40	)
41	=
42	R/S
43	RST
44	

n	5	10	20
s	2,050775789	2,727162490	3,185142171
c	0,068359193	0,024792386	0,007583672

PSS	Taste		PSS	Taste		PSS	Taste		PSS	Taste
00	*CM$_s$		15	SUM		31	3		47	9
01	STO		16	1		32	=		48	=
02	1		17	0		33	*subr		49	R/S
03	R/S		18	*subr		34	5		50	RST
04	÷		19	5		35	1		51	SUM
05	2		20	1		36	×		52	3
06	=		21	*subr		37	2		53	RCL
07	STO		22	5		38	=		54	2
08	2		23	1		39	*subr		55	SUM
09	RCL		24	×		40	5		56	1
10	2		25	2		41	1		57	*subr
11	×		26	=		42	SUM		58	6
12	3		27	*subr		43	3		59	1
13	=		28	5		44	RCL		60	*rtn
14	INV		29	1		45	3		61	
			30	×		46	÷			

y_m	2,5230	1,7618	1,6490

4.5. Berechnet wird

$$y = e^{x^2 + 1} + \sqrt{(x-1)^2 + 1} + \ln[(x+2)^2 + 1] + \frac{1}{(x+1)^2 + 1}$$

Sachwortverzeichnis

CIP-Kurztitelaufnahme der Deutschen Bibliothek

Gloistehn, Hans Heinrich
Programmieren von Taschenrechnern. — Braunschweig:
Vieweg.
1. Lehr- und Übungsbuch für den SR-56. — 1. Aufl. —
1977.
   ISBN 978-3-528-04084-0

1977
Alle Rechte vorbehalten
© Friedr. Vieweg & Sohn Verlagsgesellschaft mbH, Braunschweig, 1977

Satz: Vieweg, Wiesbaden
Druck: E. Hunold, Braunschweig
Buchbinderische Verarbeitung: W. Langelüddecke, Braunschweig

ISBN-13: 978-3-528-04084-0   e-ISBN-13: 978-3-322-85852-8
DOI:10.1007/ 978-3-322-85852-8